창조성을 깨우는
디자인 씽킹의 기술

디자인은 어떻게 생각을 바꾸는가

창조성을 깨우는
디자인 씽킹의 기술

디자인은 어떻게 생각을 바꾸는가

앤드류 프레스먼 지음

현호영 감수

최경남 옮김

UX REVIEW

"삶의 모든 것은 디자인 문제이며,
좋은 건축가는 어떤 디자인 문제도 해결할 수 있는
사람이다"라는 내 말 때문에
나와 결혼했다고 주장하는 아내 리사*Lisa*에게
이 책을 바칩니다."

차례

2부 _ 디자인 씽킹의 응용

좋은 본보기가 될 앤드류 프레스먼의 새 저서는 이해하기 쉽고 술술 읽을 수 있는 책으로, 디자인 씽킹에 관한 대단히 유용한 입문서다. 전통적인 의미에서 더욱 창조성이 요구되는 분야에서부터 비즈니스, 정치, 의학, 저술 등의 분야에 이르기까지 모든 분야에 속한 사람들에게 있어 디자인 씽킹은, 날이 갈수록 그 가치가 더 크게 인식되고 있는 리더십 역량과 관련된 전문적 기술들의 핵심 요소들이 무엇인지를 명확히 밝혀 준다.

다른 여러 입문서와는 달리 이 책은 규범적이고 정형화된 서술을 피한다. 대신, 독자들이 각자의 실험을 해보고 디자인 씽킹을 유연하게 적용할 수 있도록 독려하며, 디자인 씽킹 프로세스를 자신만의 것으로 만들 수 있도록 지원한다.

효과적인 실무와 리더십에 대한 교육적 담론의 선봉에 서 있는 디자인 씽킹은 독특한 지위를 점유하고 있다. 창조적인 문제 해결과 혁신을 위한 프로세스인 디자인 씽킹은, 전통적인 디자인 업무와 관련 분야를 훌쩍 뛰어넘어 효과를 발휘하는 매우 유용한 도구로 떠올랐으며, 지난 20년간 자연히 그 가치를 드러내 왔다. 문제에 대한 해결책 중심의 디자인 씽킹 방식은 수많은 분야의 지식, 다양한 경험과 관점들에서 나온 견해, 그리고 이에 대한 대응을 요구하는 복잡한 도전들을 다루는 데 점점 더 많이 활용되고 있다.

면밀한 연구, 일목요연한 정리, 설득력 있는 주장을 담은 이 책은 일반 개인을 위한 디자인 전략을 분석하고 설명한다. 또 수많은 인터뷰와 사례 연구들을 통해 매우 탐색적인 실천에 대한 이해와 모형화를 추구한다. 독자들은 유의미한 통찰력을 전하는, 넓은 시야를 가진 선구자들의 진중한 목소리를 통해 효과적이고 직접적인 의견을 들을 수 있을 것이다.

크고 작은 모든 창조적 문제 해결에 있어 인간의 작용을 강조하는 이 책은, 독자들에게 자율권을 주는 동시에 영감을 주기도 하며 다중적인 프로세스를 이해하게 해준다. 이 책은 커뮤니케이션과 이해를 중심에 두는 일종의 디자인 응용 연구에 관해 서술하고 있는데, 이러한 연구의 결과물은 공감하고 호응하는 사람들이 누릴 수 있는 특권이 된다. 문제 해결에 초점을 맞춘 종합적 프로세스인 디자인 씽킹은 어려운 문제를 재구성하고 교착 상태를 타개하며 얽히고설킨 복잡한 문제들을 해결하면서 혁신을 도모한다.

모호함과 위험을 견뎌내고, 실패를 배움을 위한 기회로 포용하는 성공적인 디자인 씽커*design thinker*(디자인 씽킹을 능숙하게 활용하는 사람)들은 다양한 관점과 경험, 전문 분야들을 서로 조화시킨다.

그들은 문제들에 대한 뛰어난 솔루션보다는 최적의 솔루션을 갈망하며 반복적인 루프*loop*를 통해 프로토타입을 만들고 테스트한다.

디자인 씽킹은 고유의 영역을 구축하면서도 과학과 예술의 각 핵심 요소들을 통합하며 과학과 예술의 방법론과 사용할 수 있는 시간 사이의 어딘가에 있는 영역을 기반으로 한다. 수많은 분야에 존재하는 복잡성을 다루는 데 있어 점점 더 중요한 도구가 되는 디자인 씽킹을 하기 위해서는 전문적이지만 획득할 수 있는 리더십 기술의 역량이 필요하다. 그러한 역량을 갖추기 위한 과정의 실천은 이 훌륭한 책을 통해 어느 정도 용이해질 것으로 본다.

메릴리스 네포메치*Marilys R. Nepomechie*,
미국건축가협회 회원,
미국건축가교육협의회(ACSA) 석좌교수,
플로리다국제대학교 교수

디자인 *씽킹design thinking, DT*은 문제를 이해하고 구
조화하는 것을 도와서 창조적인 해결책을 도출할
수 있도록 하는 강력한 프로세스로, 물리적이고 사
회적인 환경에 대한 신선한 시각을 제공하기도 한
다. 건축설계자나 제품 개발자들만을 위한 전유물
이 아닌 디자인 씽킹은 실제 세계의 문제들을 해결
하고 딜레마들을 조정하기 위해 여러 분야에 적용
될 수 있다. 이는 영감과 상상력을 촉발하고, 이해
관계자들의 니즈와 이슈에 대응하는 혁신적인 아이
디어로 이어진다.

　디자인 씽킹 프로세스를 해석하고 또 이를 개
인적으로 유의미하고 특정한 일련의 맥락에 맞게
커스터마이징(맞춤화)하는 것은 쉬운 일이 아니다.
그러나 종종 시적인 방식을 따르기도 하는 훌륭한

결론에 도달하는 데 따르는 보상은 아무리 과장해도 지나치지 않다. 이 책은 가장 성가신 것에서부터 일상적인 것에 이르기까지 전 영역에 존재하는 도전들을 다루는 데 있어 도움을 줄 것이다.

이 책은 다양한 독자들에게 즉각적인 도움을 제공하며, 대학과 대학원 커리큘럼에서 이제는 흔히 보이는 교양 교육, 비즈니스, 공학 과정을 지원하기 위한 입문서로 이해될 수도 있다. 디자인 씽킹은 일반적으로 디자인과 연관되지 않은 무수히 많은 문제에 대한 해결을 돕기 위해 어떠한 전제 조건도 없이 (팀이 아닌) 주로 개인들을 겨냥한다는 면에서 독특하다고 할 수 있다.

디자인을 하는 매력과 기쁨을 재발견하고자 하는 건축 산업이나 디자인 분야에서 활동하는 전문가들, 특히 실제 세계의 맥락에 내재한 모든 제약과 복잡함을 마주하고 있는 전문가들에게는 신선하고 열정을 불러일으키는 책이 될 것이다.

그렇다면 디자인 씽킹이란 정확히 무엇을 말하는 것이며 다른 문제 해결법과 어떻게 다르고 구분되는가? 이 책을 읽는 독자들은 문제를 해결하거나 프로젝트를 더욱 창조적으로 수행하기 위해 디자인 씽킹을 적용하는 프로세스를 충분히 이해할 수 있을 것인가? 그렇다고 한다면 그것이 어떻게 가능한 것인가? 이러한 근본적인 질문들에 대한 대답은 이제부터 이 책에서 분명하고 간결하게 제시될 것이다.

이 책은 2부로 구성되어 있다. 1부는 디자인 씽킹을 분명하게 정의하고 묘사하며 프로세스 자체를 깊숙이 파고든 다음, 이를 함양하기 위한 다양한 전략들을 제시 및 평가함으로써 궁극적으로는 혁신적인 아이디어들을 제공할 것이다. 이는 디자인 계통 종사자들의 전문가적인 판단과 지식, 경험을 대체하려는 의도가 아니라 디자인 전문가가 아닌 사람들에게 꽤 유용하다고 인정받을 수 있는 사고방식을 설명하기 위한 것이다.

2부에서는 정치, 사회, 비즈니스, 건강, 과학, 법률, 저술 등과 같이 보통은 디자인과 관련이 된다고 여겨지지 않은 여러 다른 영역들에 존재하는 다양한 문제들에 디자인 씽킹을 적용하는 것을 조명해 볼 것이다. 1부에 등장한 디자인 씽킹 프로세스가 2부에서는 개인의 삶과 이 세상에서 변화를 만들기 위해 대단히 의미 있는 방식으로 디자인 씽킹을 실천해 온 엄선된 사람들과의 인터뷰를 통해 더욱 상세히 설명될 것이다. 2부의 사례들이 독자들의 구체적인 맥락에 맞게 유익하고 영감을 주며 일반화할 수 있는 내용이길 바란다.

디자인 씽킹은 구체적인 공식이나 알고리즘, 양식 등을 가지고 있지 않다. 정형화되고 지나치게 단순화된 접근은 문제 해결을 위한 창조적인 가능성이나 심지어는 올바른 질문을 찾을 가능성을 심각하게 제한할 수 있다. 최고의 프로세스는 맥락의 본질이나 관련된 개인들에 반응하며 변화하는, 본질적으로 역동적인 성질을 가지고 있다. 그러므로 이해 관계자들 자체에 대해서는 물론이고 해당 문제의 맥락에 대한 철저한 분석은 디자인 씽킹의 매우 중요한 요소다. 게다가 디자인 씽킹은 하나의 프로세스이므로 아이디어는 크고 작은 문제들을 다룰 수 있도록 확장 가능성이 있어야 한다.

이 책에서는 다양한 종류의 문제들을 해결하는 데 있어 유연함이 강조될 것이다. 동시에 실제 실행되는 프로세스의 요소들을 설명하기 위해, 디자인 씽킹이라는 개념을 진화시켜 온 가장 유서 깊은 디자인 전문직 중 하나인, 건물을 설계하는 건축가와의 비유가 전반적으로 등장할 것이다.

이는 디자인 씽킹에 어느 정도의 근본적인 원칙과 적법성이 있음을 인정하는 것이다. 이 책에 대한 제안서를 검토한 익명의 검토자 두 명의 말을 인용하고자 하는데, 이들은 각각 다음과 같이 말하여 내 생각을 지지한다.

- 디자인 씽킹에 대한 대중적인 지침이 될 이 책
은 체계화된 전문 지식을 바탕으로 하는 사고
에 대한 '해설서' 중 하나가 되어 유용한 공헌을
할 수 있을 것이다.
- 이 책의 의의는 디자인 씽킹에 대한 담론을 제
기한다는 점이다. 이 책은 디자이너들이 디자
인 씽킹을 하는 방식, 그리고 정보를 처리하고
세상을 대하는 방식을 더 광범위한 맥락으로
해석하게 해주는 통찰력을 제공한다.

디자인 프로세스에서 건축가들은 일상적으로
더 넓은 공간을 원하면서 특정한 미적 특색을 선호
하거나 최상의 건축물을 요구하지만 예산은 적은
다양한 이해 관계자들 사이에서 갈등을 조정하라는
요구를 받는다. 최고의 건축가들은 다양한 변수들

을 곡예하듯 다루고 통합할 수 있어야 하며 갈등이
나 제약을 훌륭한 솔루션을 찾기 위한 동기 부여의
연료로 사용할 수 있어야 한다.

다시 말해, 훌륭한 건축가들은 혼동과 복잡성
에서부터 질서를 만들고 집중하도록 배웠다. 다른
분야의 전문가들이 이러한 사고방식을 이용하면 안
될 이유라도 있겠는가?

나는 협업을 아주 좋아한다. 그러나 독자들의
경우 당면한 문제를 창조적으로 해결하기 위한, 언
제든 활용할 수 있는 팀원들을 항상 두고 있는 것은
아닐 것이다. 어떤 팀이든 이 책에 나온 프로세스들
을 성공적으로 수용할 수 있으며, 또 실제로 수용하
고 있으나 이 책의 초점은 디자인 씽킹이 개인에게
어떤 혜택을 줄 수 있는지에 맞추어져 있다.

디자인 씽킹 루프 내에는 개인들이 비평이나
아이디어 등과 같은 도움을 받기 위해 다른 사람들
을 끌어들일 수 있는 지점들이 존재한다. 그러나 내

가 강조하고자 하는 요점은, 디자인 씽킹은 직업적으로 혹은 개인적으로 소속된 단체와는 별개로 누구에게나, 모든 사람에게 큰 가치를 지닐 수 있다는 점이다.

훌륭한 건축가는 단순히 그들이 당면한 기능적인 문제를 풀기보다는 더욱 의미 있고 특별한 무언가를 창조하기 위해 클라이언트들이 제공한 건축 프로젝트에 의문을 제기하고 이를 초월하기도 한다. 이것이 바로 다양한 유형의 문제들에 디자인 씽킹이 도움이 될 수 있는 측면이며, 디자인 씽킹은 이러한 문제들의 본질적인 의미를 규정하는 수단의 하나로 고려되어야 한다.

삶에서 마주하는 대부분의 도전은 디자인 문제로 표현될 수 있고, 따라서 이러한 도전들을 디자인적 관점에서 효과적으로 관리할 수 있다는 제안을 하고자 한다. 심지어는 가장 일상적인 문제들에 대한 해결책을 만드는 데 있어서도 의도된 창조성, 즉

마법과도 같은 디자인 씽킹 방법에서 창출되는 창
조성을 가미함으로써 도움을 얻을 수 있을 것이다.

앤드류 프레스먼, FAIA
워싱턴 DC

1부

디자인 씽킹
프로세스

디자인 씽킹을 배우는 것이 어렵긴 하지만 분명 학습이 가능한 기술이다. 일단 습득하면 우리에게 닥친 문제들이 창조적으로 해결할 수 있는 디자인 문제처럼 보이기 시작할 것이다.

1부에서는 디자인 씽킹의 프로세스가 구조화되고, 명확하게 정리되며, 객관적인 시각에서 해석되며, 철저하게 분석된다. 1부에서는 그러한 프로세스에 대한 역동적인 템플릿이 제시되는데, 그 자체도 그 문제가 무엇이냐에 따라 "디자인"되거나 맞춤화될 수 있다.

여기서 프로세스를 전체적으로 명확하게 살펴봄으로써 일반적으로 디자인 씽킹과 결부되어 연상되는 수수께끼나 모호함이 어느 정도 풀리게 될 것이다. 즉, 디자인 씽킹의 다양한 구성 요소들을 밝히거나 분석하고, 주어진 맥락에 어떤 요소가 가장 잘 적용될 수 있는지, 혹은 어떻게 우선순위가 매겨져야 하는지를 결정한다. 그리고 결국 디자인 씽킹에 의해 주도되고 만들어진 종합적 마스터플랜을 마련하는 것으로 마무리될 것이다.

각각의 문제들에 대응하는 독특한 프로세스를 만들기 위해 해당 문제와 그 문제의 맥락에 따라 디자인 요소들이 선별되고 정제되며 가중치가 매겨져 다양한 조합으로 결합될 수 있다는 것을 보게 될 것이다. 일련의 요소들을 쭉 훑는 것이 맞춤형 루프 *loop*가 한 번 완성되는 것으로 볼 수 있는데 이런 식으로 새로운 정보와 효과적인 아이디어가 도출된다. 이는 문제에 대한 솔루션을 확고히 하거나 또 하나의 새로운 탐색 루프를 시작할 수 있는 새로운 질문을 제안함으로써 기존 아이디어들을 보강하고 더욱 종합적인 통찰력을 얻게 될 것이다.

이 책의 1부에서는 호기심과 탐구, 발견 등을 지원할 수 있는 다양한 도구와 전략들에 대한 더욱 정교한 설명이 제공되고, 앞에서 넌지시 언급한 최적의 솔루션에 도달하기 위한 디자인 씽킹 프로세스에 관한 내용이 전개될 것이다. 디자인 씽커*design thinker*로서의 잠재성을 더욱 최대한으로 끌어 올리기 위해 열린 사고를 지원해줄 통찰력 또한 제공될 것이다.

독자들에게 반향을 불러일으킬 수 있는, 앞으로 명확하게 드러날 몇 가지 요점을 다음과 같이 강조하고자 한다.

- 디자인 씽킹의 특정 측면들은 어떤 사람들에게는 이미 익숙하거나 자연스러울 것이며, 심지어는 자동으로 하게 되는 것일 수도 있다. 만약 여러분이 그러한 경우라면 가장 높은 난이도의 문제들에 이 프로세스를 적용하는 데 있어 아주 유리한 상황에 있다고 할 수 있다.
- 디자인 씽킹 프로세스 그 자체는 전적으로 자기 위주의 결과물에 초점을 맞춘, 빠른 만족감이라는 피상적이고도 알고리즘적이며 흔해 빠

진 목표와는 대조적으로, 즐길 수 있거나 즐겨야 하는 아주 흥미진진한 과정이 되어야 한다.

- 디자인 씽킹의 채택을 디자인 씽커로서 수행하고 있는 노력의 미래 결과물에 대한 장엄한 투자라고 생각하라. 디자인 씽킹은 지식과 경험이라는 자본이 점점 커질수록 덜 벅차고 더 효율적인 방법이 될 것이다.

여기서 독자들은 1부에서 서술된 여러 구체적 디자인 씽킹 전술들이 2부에서는 실제 상황에 접목되어 전개되는 것에 주목해야 한다. 이는 이론과 실제를 명확하게 연결하고자 하는 의도라 할 수 있다.

1장.
디자인 씽킹의 개요

디자인 씽킹이란 무엇인가?

디자인 씽킹의 정확한 정의에 대해 전반적으로 합의된 것은 없지만 여러 분야에서 다양하게 사용되는 이 말은 맥락에 따라 갖가지 의미를 지닌다. 예를 들어, 건축에서 디자인 씽킹은 경영에서 말하는 디자인 씽킹과는 다르다. 역동적인 성격을 지닌 디자인 프로세스는 구체적인 영역과 적용이라는 함수 관계에 따라 복잡하거나 어지럽거나 미묘할 수 있다. 더욱이 창조력 그 자체와 관련된 수수께끼들도

첩첩이 있기에 이를 정의하기 위한 노력에는 본질적으로 어려움이 내재되어 있다.

이처럼 조건이 만만치 않지만, 디자인 프로세스의 구체적인 요소들에 대한 명쾌한 설명을 위한 장은 꼭 마련할 필요가 있다. 그러니까 마치 10km 높이에서 바라본 것 같은 관점에서 의미를 개발하는 것이 중요하다. 먼저 몇 가지 보편적인 관점에서 본 디자인 씽킹은 다음과 같이 정의할 수 있다.

- 맥락을 개선하는 실행 계획으로 이어지는 프로세스
- 맥락 인식과 공감을 아이디어 창출로 통합시키는 기술
- 전후 사정, 이해 관계자들의 요구와 우선권, 실행 계획상의 이슈, 비용 등을 감안한 문제 해결을 위한 창조적이고도 분석적인 사고를 촉발하는 도구

- 아이디어는 다양한, 심지어는 서로 모순적인 출처에서 촉발되어 도전을 해결하기 위한 더 나은 솔루션에 점진적으로 영향을 미칠 수 있도록 강화된다는 사고방식
- 문제가 정의되고, 연구와 분석이 수행되며, 아이디어가 제안되고 비판적인 피드백과 수정을 받는 순환 루프*loop*에 의해 구조화된 일련의 행동과 누적된 임시 조치들, 그리고 순차적으로 아이디어를 더욱 정제하기 위해 이러한 순환 루프의 과정을 반복하는 것

개인적으로는 이 디자인 씽킹의 특징을, 구체적인 문제들과 각 개인에 의해 주도되는, 그리고 판에 박히고 뻔한 해결책을 뛰어넘는 근본적으로 창의적인 프로세스라 규정짓고자 한다. 디자인 씽킹을 위한 마법의 공식 같은 것은 없지만, 단언컨대 디자인 씽킹의 구성 요소들은 연구의 대상이 될 수

있고, 체계적으로 규정될 수 있으며, 효과적이고 혁신적인 해결책을 낳는 프로세스에 합리적으로 결합될 수 있다. 실질적인 운용에 초점을 맞추고 볼 때 디자인 씽킹에는 다음과 같은 구성 요소들이 포함된다.

• **정보 수집:** 해당 문제를 둘러싼 모든 관련 이슈와 갈등, 제약 등에 대한 더욱 깊은 이해에 도달하기 위해 맥락과 이해 관계자들을 철저히 연구한다. 해당 문제에 적용될 수 있는 다양한 선례와 역사적인 관점을 검토한다. 효과적인 인터뷰를 진행하고 에스노그라피*ethnography*(사회와 문화의 현상을 현장 조사를 통해 상세히 기술하는 연구 방법, 민족지라고도 불림)를 활용하며 이해의 속도를 높이기 위해 식견이 높은 전문가들과 협의한다. 이렇게 수집된 모든 데이터는 디자인 연구에 영향을 미치고 아이디어를

촉발할 수 있는 더 풍부한 배경 지식을 제공한다.

• **문제 분석과 정의:** 문제가 발생했을 때 이를 액면 그대로 즉각적으로 받아들이는 과정에서 감추어질 수도 있는 가장 핵심적인 문제를 확실히 식별하기 위해서는 철저한 분석이 필요하다. 현상에 의문을 제기하라. 즉, 최초의 추정에 의문을 제기하고 문제를 재구성하라. 분석은 또 브레인스토밍을 위한 중요한 전제 조건이 되기도 하는데, 분석을 통해 여러 가지 관점에서 문제를 분명하고 질서 있게 그리고 세부적으로 볼 수 있다.

• **아이디어 도출:** 문제의 분석과 함께 지금까지 수집된 정보에 영향을 받아-좋든 나쁘든 바보 같든-가능한 한 많은 아이디어를 만들어내기 위한 브레인스토밍과 비전화visioning 단계. 혁신적인 다이어그램(수량이나 관계를 나타낸 도

표)으로 만들어진 콘셉트 또는 아이디어의 윤곽을 잡기 위해 다양한 영향을 고려하고 결합한다.

- **모델링을 통한 통합:** 가장 좋은 아이디어들을 선별해 더욱 수준 높은 솔루션으로 가다듬고 세부 사항을 보강하며 몇 가지 대안적인 프로토타입과 모델, 솔루션의 초안을 만든다. 이러한 수단들은 제안된 1차 솔루션에 대한 훌륭한 모의실험의 역할을 할 뿐만 아니라 가장 중요하게는 조작과 실험, 심지어는 작용까지 쉽게 만들어줄 수 있고 또 그렇게 해주어야 한다. 모든 경우에 성공이냐 실패냐와 관계없이 학습과 발견이 다른 무엇보다도 중요하다.

- **비판적 평가:** 모델을 테스트하는 이 필수적인 단계에서는 솔루션이나 프로젝트를 더 훌륭하게 만들 기회가 있다. 즉, 이해 관계자들이나 동료, 객관적인 외부 인사들의 비판적 평가를 통

해 문제의 정의와 관련된 개념이나 솔루션을 유효화(또는 무효화)할 수 있다. 이해 관계자들의 피드백은 중대한 변경을 위해 특히 더 중요하다. 어떤 출처에서 온 것이든 건설적인 비판을 수용하고, 강력한 아이디어를 약화하지 않으면서도 변화를 시도하며 다시 테스트한다.

그림 1.1 "순환 루프"를 형성하는 디자인 씽킹(DT)의 기본적인 구성 요소들. 이 그림은 DT의 비선형적인 속성과 구성 요소들이 어떻게 서로 연관되고 겹쳐져 있는지를 강조하기 위해 만든 것이다.

창조성을 깨우는
디자인 씽킹의 기술

솔루션은 해당 문제에 적절한 수준으로 앞에서 말한 구성 요소 순환 루프에 최대한 많이 통과시켜 봐야 한다. (그림 1.1 참조) 다시 말해, 피드백을 얻고 결과를 평가하며 구성 요소들을 바로 잡아 새로운 데이터를 가지고 다시 순환 루프를 반복해야 한다. 그런 다음 실행한다. 여기에 상투적인 말이 적용된다. 즉, 어떠한 것도 시도만큼 성공하지는 못하고 어떠한 것도 가장 최근의 실패에 대한 대처만큼 성공하지는 못한다.

디자인 씽킹은 다른 문제 해결법들과 어떻게 구분되고 차별화되는가?

디자인 씽킹은 수학이나 과학 문제들과는 달리 알고리즘이 아니다. 유일하고도 정확한, 절대적인 해답이라는 것은 없으며 다양한 솔루션이 있고 아마도 이러한 솔루션 중에 더 적절한 솔루션이 있을 뿐이다. 실제로 디자인 씽킹은, 특히 맥락과 이해 관계자들에 대한 분석을 통해 문제를 이해하는 것은 사회과학적 사고방식과 많은 궤를 같이한다. 마찬가지로 매우 중요한 첫 단계인, 정보 수집에 저널리스트적으로 접근하는 것 역시 디자인 씽킹에서 필수적이다. 피터 머홀즈*Peter Merholz*는 디자인 씽킹은 복잡한 문제들을 풀기 위해 가져야 할 다양한 관점을 제시하며, 다른 분야에서의 문제 접근 방식에 대한 훌륭한 보완 요소가 될 수 있다고 주장한다.

디자인 씽킹 프로세스는 가장 건설적인 방식으로 파괴적*disruptive*이다. 잠재적인 디자인 솔루션이 평가될 때 이는 실제로 처음 질문의 변화나 심지어는 본래 가설의 상당한 수정 또는 폐기로 이어질 수도 있다. "파괴적 기술*disruptive technology*"이라는 용어는 클레이튼 크리스텐슨*Clayton M. Christensen*과 조셉 바우어*Joseph Bower*가 1995년에 〈하버드 비즈니스 리뷰*Havard Business Review*〉에 기고한 "파괴적 기술: 변화의 파도를 타고*Disruptive Technologies: Catching* *the Wave*"라는 글에서 따온 것이다. 이 글 이후로 이 용어는 종래의 모델을 파괴하는 모든 혁신을 포괄하는 의미로 발전해 가고 있다. 그렇다면 이 '파괴 *disruption*'는 디자인 씽킹을 정직한 가설 검증이나 관행적인 연구와는 근본적으로 구별되게 하는 요소 중 하나라고 할 수 있다.

프로세스 맞춤화하기

어떤 상황들에서는 유용할 수도 있겠지만, 디자인 씽킹에 대한 규범적이고 입문적인 "단계별" 접근은 지나치게 상황을 단순화함으로써 혹은 엄격한 알고리즘으로 단정지음으로써 결함이 생길 수도 있다. 이러한 함정들은 혁신이나 독특한 개인의 관점, 미묘한 차이 등을 억누르거나 좌절시킬 수 있다. 따라서 본격적으로 시작하기 전에 위에서 요약된 (다음

장에서 상세하게 설명될) 각각의 구성 요소들이 적용
되는 정도부터 고려해야 한다.

> 프로세스도 결과만큼이나 창조적이고도 독특할 수 있다.

　디자인 씽킹의 구성 요소들은 역동적이며, 선
별되고 정제되며 우선순위가 매겨져 다양한 조합과
통합으로 연출될 수 있다. (그림 1.2, 1.3, 1.4 참조)
각 상황에 맞는 독특한 디자인 씽킹 방법을 도출하
기 위해서는 문제에 대한 구체적인 상황들, 즉 이해
관계자들, 상황, 그리고 그 문제 자체의 본질 등과
같은 것으로부터 힌트를 얻어야 한다. 프로젝트를
할 때마다 새로운 형태가 드러나는데, 이는 디자인
씽킹을 그토록 매력적이고 흥미롭게 만드는 한 가
지 이유가 된다. 디자인 씽킹의 프로세스도 그 결과
만큼이나 창조적이고 독특할 수 있다. 당면한 문제
에 대응할 때는 눈을 크게 뜨고 상상력은 자유롭게

그림 1.2 정보 수집과 문제 분석 영역(회색 바탕에 점이 찍힌 부분)은 문제의 여러 측면, 즉 문제의 배경이나 문제를 둘러싼 이슈들이 이미 우리에게 상당히 익숙할 경우는 통합되거나 축약되거나 혹은 완전히 생략될 수도 있다.

해방시켜야 한다.

특정한 문제에 대한 디자인 씽킹 마스터플랜은 일반 가이드라인이나 양식으로 만들어질 수 있다. 틀림없이 개인적 성향 또는 프로젝트의 특이성에 따라 초점이나 내용, 단계의 순서 등에서 차이가 있을 것이며 심지어 어떤 단계들은 생략되거나 다른 단계에 통합될 수도 있을 것이다. 예를 들어 어떤 문제나 그 문제의 배경, 둘러싼 이슈들이 이미 상당히 우리에게 익숙한 것일 경우에는, 정보 수집과 문제 분석 및 정의 요소 등이 통합되거나 축약되거나 혹은 완전히 생략될 수도 있다. (그림 1.2 참조)

아이디어 도출과 모델링(모형화) 요소들을 통한 종합synthesis이 서로 뒤얽힐 수도 있다는 점을 시사하는 또 다른 시나리오도 있다. 우리가 만들어야 하는 결과물이 문서화된 제안서나 사업 계획서일 경우, 예컨대 초안을 작성하는 것이나 최종 문서(프로토타입)를 작성하는 것은 둘 다 동일하고 지속적인 활동의 일부가 된다. 인위적으로 경계를 긋는 것은 말이 안 되며 개인적인 업무 습관이 매우 변동이 심할 때는 더욱 그렇다(그림 1.3 참조).

특별한 워크숍 또는 "샤렛charrette(건축 설계 등의 분야에서 마감 전에 가지는 최종적 집중 검토나 전문가들의 집단 토론회-옮긴이)"을 통해 이해 관계자 대

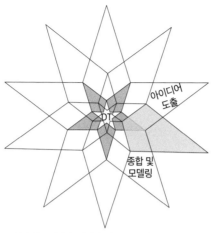

그림 1.3 구체적인 도전이나 개인의 업무 습관에 따라 어떤 구성 요소들은 지속적인 활동, 예컨대 아이디어 도출, 종합 및 모델링(밝은 회색 부분)의 일부로 함께 엮일 수 있다.

표들을 참여시키고, 아이디어 도출 요소를 확대하는 것은 업무를 진전시킬 잠재적인 기회가 된다. (그림 1.4 참조) 이러한 전략을 통해 얻을 수 있는 부가적인 혜택은 처음부터 "디자인" 업무에 바로 뛰어듦으로써 정보 수집과 문제 분석 요소들을 통합시킬 수도 있다는 점이다. 이렇게 모든 이슈와 핵

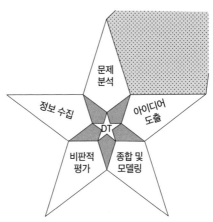

그림 1.4 이해 관계자들을 대표하는 사람들(회색 바탕에 점이 찍힌 부분)을 포함하기 위해 문제 분석과 아이디어 도출과 같은 요소들을 확대하는 것은 독특한 문제 상황에 맞게 프로세스를 더욱 강화하는 기회가 될 수 있다.

심 요소들을 충분히 이해하고, 더 많은 정보를 끌어내고, 더 상세하고 관련 있는 질문들을 개발하면서 1차 아이디어와 솔루션에 대한 전체적인 시각을 테스트하여 무엇을 바탕으로 더 추가적인 조사를 해야 하는지에 관한 즉각적 피드백을 얻기 위해 아이디어를 도출하고 발전시키는 아이데이션*ideation*을 시작한다.

샤렛*charrette*은 대개는 프로젝트의 초반에 창조적 디자인 씽킹을 위한 시동을 거는 프로세스 기법을 설명하는 데 사용되는 용어로, 독자적으로 또는 팀 단위로 중간에 쉬지 않고 연속적으로 매우 압축된 시간 동안 브레인스토밍 활동에 전적으로 몰두하는 것을 말한다. 이러한 전략은 핵심 이슈를 식별하는 데 있어, 그리고 이해 관계자들과의 중대하고 심도 있는 토론을 위한 출발점으로 매우 효과적이고 심지어는 고무적인 과정이 될 수 있다.

팰로앨토*Palo Alto*에 있는 세계적 디자인 혁신 기업인 아이데오*IDEO*의 대표인 팀 브라운*Tim Brown*은 디자인 씽킹 프로세스를 진행하는 방법을 조금 다르게 설명한다. 그는 이렇게 말한다. "디자인 프로세스는 이미 정해진 순서가 있는 일련의 단계들로 묘사되기보다는 '공간들의 시스템'으로 비유적으로 묘사되는 것이 가장 적절한 설명이다." 브라운은 그

공간들에 다음과 같은 이름을 붙였다.

(1) 영감: 솔루션의 모색에 대한 동기를 부여하는
상황(즉, 문제, 기회)에 대한 영감 얻기
(2) 아이데이션: 솔루션으로 이어질 수 있는 아이
디어를 도출하고 개발하여 테스트하는 과정에
서의 아이디어 발전
(3) 실행: 출시 (또는 어디서 어떻게 솔루션을 보여
줄 것인지에 관한) 계획을 세우는 것에 대한
실행

앞에서 설명한 반복 루프와 마찬가지로 어떤
일이 진행되면 그 과정에서 앞의 두 "공간들"을 여
러 차례 통과한다.

디자인 씽킹에 대한 엄격한 공식과는 대조적
으로, 특정한 문제에 참여하기 위해 (그림 1.2, 1.3,
1.4를 통해 예시를 보여준 것과 같이) 다이어그램으로

만들어진 틀을 구축하는 것은 유연함을 도모하면서도 가이드라인을 제공하고, 독특한 개별 문제 상황에 따라 최적으로 맞춤화(커스터마이징)된 디자인 씽킹 프로세스를 제시하기도 한다.

2장.
디자인 씽킹의 구성 요소

정보 수집

디자인 씽킹은 그 문제를 둘러싼 독특한 환경에 몰입하는 것에서부터 시작한다. 이는 이슈들을 다각적인 관점에서 충분히 그리고 깊게 탐구하는 과정에서 솔루션에 대한 단서들이 분명히 드러나는 발견의 과정이다.

공감

인류학에서 빌려 온 맞춤형 질적 연구, 즉 에스노그

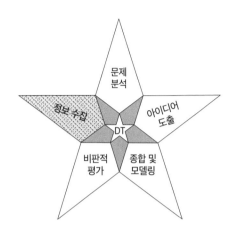

라피 혹은 클리포드 기어츠*Clifford Geertz*가 "심층 기술*thick description*"이라고 묘사한 조사 활동을 수행하면 한 문제에 깊이 몰입하여 피상적인 이해를 넘어설 수 있다. 점점 더 하이테크화되고 몰개성화되는 세상에서 이해 관계자들과 함께 자연스러운 상황에서 같이 시간을 보내고, 이들을 효과적으로 관찰하며, 이들과 상호작용을 하면 관련된 이슈들에 대해 많은 것을 밝히고, 동기들을 분명히 드러내며, 근원적인 포지션에 대한 통찰력을 끌어내고, 솔루션으로

이어지는 아이디어를 도출할 수 있다. 효과적으로 진행된 포커스 그룹 인터뷰*focus group interview*(소수의 참여자 간 상호작용을 유도하며 특정 주제를 논의하게 하는 인터뷰 기법)는 이러한 유형의 정보 수집을 위한 매우 훌륭한 도구가 되지만, 놀랍도록 저평가되어 온 디자인 씽킹 프로세스의 매우 중요한 요소다.

인터뷰에 대한 대안 또는 부가적으로 추가할 수 있는 것은, 해당 이슈에 대한 정보를 제공할 수 있는 전문가를 참여시켜 문제에 대한 이해의 속도를 높이는 것이다. 그러나 참여하며 관찰을 통해 직접 얻은 관점을 진정으로 대체할 수 있는 것은 없다. 직접 체험은 "문제와의 정서적으로 연결"을 가능하게 하고 "이 연결을 통해 통찰력을 습득"할 수 있도록 해준다.

메릴랜드대학교에서 디자인 씽킹을 강의하는 마들렌 사이먼*Madlen Simon* 교수는 이 점을 다음과 같이 깔끔하게 정리했다.

그러나 표면적으로 드러난 의식적인 필요를 넘어서 그 사람이나 집단 혹은 기업을 진정으로 움직이고 흥분시키고 이들에게 동기를 부여하는 것이 무엇인지를 철저하게 조사한다면, 우리는 깨우침을 주면서도 훌륭하고 비용 효율적인 해결책을 제안하기 시작할 수 있다.

⋯▸ *5장 중 "제약회사 혁신의 수단이 되는 공감"을 참조하라.*

우리는 상호작용을 하는 데 있어 중요한 의미를 지니는 사람들을 잘 알지 못할 때가 종종 있다. 이들을 아는 것은 적절하고 중요한 지식을 획득하기 위해 매우 중요하다. 그러므로 사람들을 더욱 잘 이해하는 법을 배울 수 있는 다양한 기술을 가지는 것이 중요하다. 사람들을 항상 참여시켜야 한다. 진실을 캐는 질문을 최소한으로 던지면서 다른 사람의 환경이나 상황에 우리 자신을 푹 담근다는 개념은 매우 중요하다.

이해 관계자들은 자신의 니즈와 문제점들을 분명하게 표현하는 데 종종 어려움을 겪기 때문에 우리가 디자인 씽킹 프로세스에서 창조적 진단자가 되어야만 한다. 게다가 어떤 문제를 액면 그대로만 받아들이면 그 문제에 대한 솔루션만 내놓을 수 있을 뿐이다. 그러나 표면적으로 드러난 의식적인 필요를 넘어서 그 사람이나 집단 혹은 기업을 진정으로 움직이고 흥분시키며 그들에게 동기를 부여하는 것이 무엇인지를 철저하게 조사한다면, 우리는 깨우침을 주면서도 훌륭하고 비용 효율적인 해결책을 제안하기 시작할 수 있다. 개인이나 그룹의 마음속에 들어가게 되면 우주가 열리기 시작하는 것이다. 디자인 씽킹의 훌륭한 속성 중 하나는 우리에게 현실적인 차원을 넘어서 주어진 문제를 단순히 해결하는 것 이상을 할 수 있는 능력을 제공한다는 점이다.

언급한 바와 같이 참여의 주요한 도구는 인터뷰다. 다음은 훌륭한 인터뷰를 가능하게 해 주는 몇 가지 도움말이다.

- **사전에 숙제를 하라.** 준비는 대단히 중요하다. 해당 이슈나 희망, 기대 등에 대한 구체적인 가설을 만들기 위해 첫 미팅 전에 시간을 가지도록 하라. 이러한 개념들을 활용하여 우리의 아이디어를 확정하거나 혹은 폐기하기 위한 첫 질의서를 만들어라. 덧붙여, 대화가 시들해질 경우를 대비한 질문도 준비하라. 대화에 시동을 걸고 인터뷰 상대가 마음을 터놓을 수 있을 만큼 충분히 편하게 해주고, 편안한 분위기를 만들기 위해 인터뷰 상대나 그가 가진 관점을 공부하라.

- **라포*rapport*(두 사람 사이의 상호 신뢰 관계 혹은 친밀도)를 형성하라.** 자신의 이야기를 공유하고 그들의 이야기에 귀를 기울여라. 의식하지 말고 자연스럽게 행동하고 해당 문제에 대한

우리의 비전도 공유하라. 경직된 형식적 절차처럼 꾸며서도 안 되고 과도하게 가볍거나 친숙해서도 안 된다. 서로 존중하는 연합을 구축하라. 이해 관계자의 인식에 어느 정도 관심을 기울이거나 이를 진지하게 받아들이는 태도는 이들의 참여 가능성과 제공되는 정보의 질과 깊이를 향상하고, 그들의 바람이 표현되었음을 확실하게 알려준다.

이해 관계자의 독특한 관점을 인식하고 인정해야 한다. 특히 우리의 관점과 다를 때는 더욱 그렇다. 인터뷰 상대의 관점으로 생각하라. 이처럼 초반에는 열린 마음을 가지고, 우리의 자존심을 낮추고 저자세를 유지한다면 진정한 상호 커뮤니케이션을 증진하고 라포를 형성할 수 있을 것이다. 다시 말해 다른 사람들이 따라 해주기를 원하는 행동을 모형화하라.

- **적극적이고 그리고 세심하게 귀를 기울여라.**

공감은 이해 관계자들의 관심과 동기를 이해하는 데 도움을 줄 것이다. 적극적으로 귀를 기울인다는 것은 말하는 사람에게 완벽한 주의를 기울이고 그들이 전달하는 것을 테스트하고 더 자세히 진술해 봄으로써 우리가 들은 모든 것을 완전히 이해하고 실질적으로 처리하는 것을 의미한다.

언외로 말해진 것의 가치를 발견하고 후속 질문을 통해 그것을 확인해 보라. 질문을 통해 새로운 가정이 타당한지를 물어보고 테스트해 보라. 명확함을 기하고 수정을 가하고 또는 추가적인 세부 사항을 얻기 위해 우리의 질문에 그들이 대답한 것을 다른 말로 바꾸어 표현해 보라. 핵심 단어나 문구를 반복함으로써 명확함과 정교함을 기하도록 하라.

⋯→ *5장 중 "대학에서의 디자인 씽킹"에서 "경청하기"를 참 조하라.*

• **세심하고 면밀하게 캐묻는 질문을 만들어라.**

최초 질의를 통해 가정을 확정하게 되면 우리 는 귀중한 세부 정보를 끌어낼 수 있는 호사를 누릴 수 있다. 반대로 우리의 예상이 기각될 경 우 대안적인 아이디어들을 지지하게 될 새로운 사실을 발견하기 위한 질문들이 즉시 꾸려져 야 한다. 진정한 호기심을 가지고, 주어진 질문 에 대한 대답이 우리가 탐구하고 있는 것을 전 혀 밝혀주지 못한다는 확신이 들지라도 우리의 목표는 지속적으로 배우는 것임을 기억해야 한 다. 대답이 나오고 나면 이를 깊이 파고들어라. 예를 들어 다음과 같이 질문하라. 왜 그랬나? 어떻게 그렇게 풀렸나? 어떤 느낌이 드는가? 무 엇을 기대했는가? 호기심과 관심을 가지되 대 립하지 않도록 주의해야 한다. 대립은 솔직 담백한 대답을 끌어내는 데 방해가 될 수 있기 때문이다.

- **세부적인 것까지 초점을 가지고 관찰하라.** 이는 우리가 해당 문제나 도전이 존재하는 환경에서 인터뷰 대상자와 소통할 기회를 가질 때 특히 적용되는 도움말이다. 직접 획득한 경험은 흥미로운 사실을 아주 잘 드러내 주고 심층적인 이해에 도움을 주는데, 객관적인 입장을 가진 외부인에게는 특히 더 그렇다. (더 자세한 정보를 원한다면 다음 장에 나오는 상황 분석을 참조하라). 보디랭귀지, 버릇, 표정, 정서 상태, 그리고 심지어는 옷에 대한 취향까지도 주목하라. 둘러싼 환경에 대한 세부적인 것들을 고려하라. 가구와 같은 세간이나 책상 위에 있는 공예품, 벽에 붙은 사진이나 그림 등은 그 사람 혹은 그 문제에 대해 무엇을 말하고 있는가? 그는 체계적인 사람인가? 지저분하게 사는 사람인

가? 우리가 그들에게 반드시 동의하지 않을 때 조차도 공감하는 반응을 보이고 우리가 그들에게 들은 것이 우리에게 중요하다는 뜻을 전하도록 하라.

- **유머 감각을 유지하라.** 이는 성공적으로 라포를 형성하고 이해 관계자들과 관계를 맺는 아주 좋은 전략이 될 수 있다. 스티브 마틴*Steve Martin*이 영화감독으로서 배우 칼 라이너*Carl Reiner*를 관찰하여 묘사한 것이 좋은 본보기다. "그는 확고한 익살꾼이다. 그는 곤란한 사실을 부드럽게 말하는 방법으로 유머를 사용한다. 그렇게 그는 별 힘을 들이지 않고 솔직할 수 있다."

- **그리고 다음의 4가지를 하지 않도록 유의하라.**

  (1) 끼어들고 싶은 유혹; 중요한 언급이나 뉘앙스를 놓칠 수 있다.

  (2) '예 또는 아니오'라는 대답을 낳는 질문.

  (3) 의식적으로나 비의식적으로 우리가 듣고 싶

은 대답을 끌어내는 유도 심문. 인터뷰 대상을 조종하지 않으려고 해야 한다.

(4) 메모를 하거나 노트 또는 태블릿 PC의 화면을 보며 말하는 것. 우리와 대화를 하기 위해 시간을 낸 사람 앞에서 메모하는 것은 거리감이 느껴지도록 하거나 상대가 무례한 경험으로 받아들일 수 있다. 따라서 메모는 몰래 하고 인터뷰가 끝난 후에 곰곰이 생각하고 느낌을 기록하라. 마찬가지로 질문을 읽는 것은 대화의 흐름을 방해할 수 있다. 앞에서 지적한 바와 같이, 질문을 준비하되 대놓고 읽기보다는 참고 자료를 잊지 않기 위한 하나의 수단으로 준비하라.

사람들이 원하는 것과 그들이 원치 않는 것에 대해 질문하라. 문제 이슈를 검토하고 이를 개선하거나 상세히 열거하기 위한 제안을 끌어내도록 하

라. 말로 표현하지 않은 문제들은 없는지 철저히 살피도록 하라.

> ⋯ *5장 중 "효과적인 인터뷰를 위한 모델로서 식사 중 대화"를 참조하라.*

질문에 대답하는 과정에서, 그리고 이해 관계자들과의 대화를 통해 별 관련 없는 많은 정보가 반드시 나올 것이다. 개방형 질문을 사용하되 당면한 이슈에 대한 초점을 유지하는 데 도움을 줄 수 있도록 조심스럽게 방향을 제시하라. (말하자면, "그 점에 대해서 조금 더 듣고 싶지만 앞서 ⋯에 대해 말씀하신 부분에 특히 관심이 갑니다."라고 말하는 식이다.) 아무리 기상천외한 것이라 해도 상관없는 요소들에 사로잡히는 일은 없도록 애써야 한다. 명확한 큰 그림을 가지고 있어야 한다. 그리고 예상치 못했지만 자연스럽게 드러날 수 있는 귀중한 정보의 조각들에도 주의를 유지하고 있어야 한다. 이는 가능성 있는 솔루션에 대한 단서가 될 수도 있기 때문이다.

그러므로 예기치 못한 것을 수용하고 이를 찬양하라! 인터뷰 대상이 다소 변덕스럽거나 비논리적이거나 심지어는 약간 미친 것처럼 보일 수도 있다. 이는 반드시 나쁘다고 할 수 없는데, 가장 창조적이고 혁신적인 아이디어 중 일부는 이렇게 아주 다양한 부류의 사람들에 의해 촉발될 수도 있기 때문이다.

솔루션에 의미 있는 기여를 하는 이해 관계자들에게 힘을 실어 주도록 하라. 인터뷰 중에는 인터뷰 대상으로 선택된 이해 관계자들을, 나중에 있을 아이디어 도출 워크숍이나 브레인스토밍 세션의 질을 높여줄 수 있는 협력자로 인식하고 공식적으로 인정하는 것이 도움이 될 수 있다는 사실을 유념하라. 사이먼 교수는 다음과 같은 빈틈없는 의견과 함께 인터뷰에 대한 자신의 견해를 피력했다.

사실 외에도 우리가 진정으로 찾아야 하는 것은 정서다. 우리가 예민한 안테나를 달고 대화에서 발생하는 정서의 변화에 귀를 기울이면 인터뷰하는 대상이 예민하게 느끼는 지점을 건드렸을 때 이를 깨달을 수 있다. 그들의 정서에 연결이 될 수 있다면 유의미한 방식으로 그들을 기쁘게 해 줄 무언가를 디자인할 가능성이 커진다. 이는 문제에 대한 훌륭한 솔루션이 비롯되는 곳 중 하나, 즉 사람들이 정서적으로 연결되었다고 느끼는 것들이 창조되는 지점 중 하나다.

⋯▸ *4장 중 "시민 참여 정치의 확대"에서 "의회 책임 법안의 작성과 통과"를 참조하라.*

공감과 여행

마들렌 사이먼*Madlen Simon*은 디자인 씽킹을 독특하게 적용하는 사례를 제시한다.

디자인 씽킹은 나의 여행 경험을 향상시켜 왔다. 나는 공감 능력으로 무장하고 사람들에게 접근해서 대화를 시작했고, 이렇게 하는 편이 그저 나 혼자 돌아다니는 것보다 방문하는 장소에 대해 더 많은 것을 배울 수 있다는 사실을 깨달았다. 나는 정말로 다른 사람들의 눈을 통해 이곳저곳을 보려고 노력한다. 이는 여행 경험을 향상할 수 있는 놀라운 방법이다.

인터뷰에 사용되는 동일한 공감 기술이 다른 영역에도 적용될 수 있다는 사실에 주목하는 것은 흥미롭다. 예를 들어 건축 자재 제조사의 마케팅 매니저인 마크 존슨*Mark Johnson*은 다음과 같이 말하기도 했다. "나는 성공에 필요한 코칭과 멘토링 기술은 주로 상대의 말을 듣고 관찰하고 개개인의 동기에 집중하는 데 바탕을 두고 있다는 사실을 빠르게 습득했다."

선례

과거의 사례에서 아이디어를 불러 오는 것, 즉 과거의 아이디어를 분석하고 이해하고 해석함으로써 현재와 미래를 위한 디자인 솔루션에 대한 영감을 찾을 수 있다. 관련된 선례, 즉 예시로 사용될 수 있는 유사한 문제에 대한 과거의 솔루션을 분석하는 과정에서 드러난 근본적인 원칙들은 디자인 씽킹 프로세스의 발견 단계 또는 아이데이션 단계에서 중요한 가치를 지닐 수 있다.

그러나 모든 (디자인) 문제들이 저마다 다르기에 무턱대고 과거의 솔루션을 따라 하는 것은 위험성이 있는 데다 피상적인 해결에 그칠 수 있다. 에머슨Emerson의 유명한 말처럼 "모방하는 사람은 별 가망 없는 보통 사람에 그치고 말 것이다." 비판적인 사고가 없다면, 특히 문제를 둘러싼 상황과 구체적인 환경을 충분히 고려하지 않는다면, 잘못된 교훈을 얻는 데 그칠 공산이 매우 크다.

> 그러므로 훌륭한 아이디어를 활용하되 수정을 거치고 목적
> 을 가지고 적용하며, 이를 기반으로 더 개선하라.

그러므로 훌륭한 아이디어를 활용하되 수정을 거치고 목적을 가지고 적용하며, 이를 기반으로 더욱 개선하라.

유사한 문제들이나 그에 대한 솔루션들을 찾고 정보를 습득하는 것은, 비록 그러한 솔루션들이 평범한 것이라고 해도 분명 도움이 되는 일이다. 이는 "요리책 식" 솔루션을 통해 상황을 파악하는 데 도움을 주고, 그 결과 다른 여러 조건과 관련하여 창조적인 방법으로 사고하는 데 시동을 걸 수 있게 해준다. 이러한 기초 지식은 쓸데없이 시간을 낭비할 가능성을 제거해 줌으로써 우리가 시간을 절약할 수 있도록 해준다. 게다가 유사한 도전을 둘러싼 이슈들을 깊게 파헤쳐 보면 현재 문제의 모든 측면을 조명하는 데도 도움이 될 수 있다.

⋯▸ *5장 중 "요리에서의 창조성"을 참조하라.*

　문제를 해결하는 데 있어 겉으로 보기에는 관련이 없는 분야로부터 선례를 참고하는 것과 관련된 또 하나의 시각이 있다. 솔루션과는 거리가 멀어 보이는 대체 아이디어를 검토하고 여기서 얻은 통찰력이 현재 문제에 대한 솔루션에 어떻게 통합될 수 있는지를 탐구함으로써 어쩌면 흥미롭고 신선한 "디자인" 대응책을 찾을 수 있다. 건축가들은 항상 이렇게 한다. 예를 들어 지붕 구조가 구성된 방식, 또는 여행을 하는 동안 방문했거나 저널에서 본 건물에 적용된 소재나 자연광이 다루어지는 방식 등을 생각해냄으로써 새로운 프로젝트를 위한 창조적 콘셉트를 만들어내는 데 도움을 받을 수 있다.

⋯▸ *6장 중 "암 치료를 위한 디자인적 접근"을 참조하라.*

> 하나의 상황에서 좋은 아이디어가 다른 상황에서는 좋지 않을 수도 있다.

피터 로우*Peter Rowe*는 디자인 씽킹에 대한 독창적인 저서에서 다른 영역에 있는 아이디어에 비유해 보는 것은 디자이너에게 도움이 될 수 있으며, 미래에 다른 프로젝트를 할 때 발굴할 수 있는 아이디어 레퍼토리의 일부가 될 수 있다는 점을 강조한다. 예를 들어 겹쳐져 있는 생선 비늘은 신체를 보호하면서 동시에 유연함도 있어야 하는, 상충되는 두 가지 특성을 가진 방탄복 디자인에 영감을 주었다. 이는 자연이라는 선례에서 가져온 탁월한 공학적 솔루션이다. 모방하라! 그리고 그 아이디어를 새로운 방식으로 적용해 보라.

맥락

맥락은 환경적인 변수들(물리적인 제약들)에서부터

사회적, 문화적, 역사적 요소들(이해 관계자들의 요구 사항 및 선호)에 이르기까지 문제를 형성하는 모든 관련된 영향들이 포함된다. 이 모든 상태에 대한 체계적인 조사가 디자인 씽킹을 위한 견고한 기초를 다지는 데 기여하고, 해당 문제를 그 지역의 배경, 지역 사회, 더 큰 단위의 커뮤니티와 연결할 수 있다. 이 모든 데이터를 수집하는 것은 처음에는 지루하고 상상력을 발휘할 여지도 없는 일처럼 보이겠지만, 이는 흥미로운 해결을 향한 하나의 진입로가 될 수 있으며 사실상 출발점이 될 수 있다.

맥락은 문제를 독특한 것으로, 그리고 구체적인 맥락에 따라 달라지는 것으로 볼 수 있도록 하는 데 기여하므로 대단히 중요하다. 최상의 솔루션은 맥락의 영향을 받는다. 맥락과는 별개로 생겨나는 것이 절대 아니다. 맥락을 인식하는 것은 우리의 관점과 이에 대한 기초를 형성하고, 솔루션에 이르는 길에 놓인 도전들을 예측하며, 더욱 효과적이고 세심한 디자인 해결책을 만들어내는 데 도움을 준다. 맥락에 대한 지식이 없는 상태에서 예상 솔루션을 가정하면 완전히 틀릴 수 있다. 하나의 맥락에 대한 좋은 아이디어가 다른 맥락에서는 전혀 좋지 못한 것일 수도 있다.

맥락을 완전히 파악하고 이해하기 위한 하나의 전략은 수사관이 되는 것, 즉 관찰하는 것이다. 모든 맥락에는 다양한 특성과 외부의 힘이 독특한 모자이크를 이루고 있으며, 이는 반드시 식별되고 통합되며 해석되어야만 한다. 이러한 특성들을 열거하고 묘사하는 것에서부터 시작해서 객관적으로 자신이 받은 인상에 따라서 관찰한 것을 기록하라. 솔루션의 가능성과 도전을 이끌어내는 맥락이 무엇인지를 묘사해 보라.

해당 사항이 있다면 프로젝트에 영향을 미치는 사회적 요소를 밝혀 보도록 하라. 당면한 이슈와 약한 연결 고리만 있을 뿐이라고 해도 이해 관계자와 영향을 주는 사람들이 누구인지를 식별하고 그들의 의견을 간곡히 구하도록 하라. 긴급한 문제들과 정치적 위기 상황들을 묻고, 필요하다면 지역 사회의 지지를 극대화하려면 무엇을 해야 하는지도 물어보라. 이 모든 잠재적인 조언에 세심하게 대응하는 것은 이해 관계자들에게 자신의 피드백을 인정받았다는 것을 깨닫고 자기가 다소간 도움이 되었다는 느낌을 받게 해준다. 이는 어떤 프로젝트나 어떤 문제에 대한 솔루션의 궁극적인 성공을 도모하는 데 도움이 될 것이다.

문제 분석과 정의

언뜻 납득이 안 갈 수도 있겠지만, 문제를 정확하게 정의하는 것부터가 사실상 창조적인 활동이 될 수 있다. 문제가 완전히 표현되지 않았다 할 지라도,

이슈들을 보충적으로 설명하고 더 상세히 묘사하기 위한 수단으로 불완전한 데이터를 가지고도 빠르게 움직이며 디자인 씽킹 루프를 통과시켜 보는 것이 유용할 수도 있다. 이는 디자인 씽킹의 또 다른 훌륭한 속성이다. 다른 전통적인 문제 해결 기법들은 문제를 해결하기 위한 조치를 취하기 전에 문제가 형성된 과정을 분명하게 파악해야 한다고 추천한다. 그러나 디자인 씽킹에서는 프로세스 전반에 걸쳐 지속적인 대화, 진단, 문제의 재구성이 최적의 솔루션을 보장한다고 본다.

⋯▸ *7장 중 "문제 정의"를 참조하라.*

> 문제를 절대 액면 그대로만 받아들이지 않도록 하라. 그 문제가 유효한 것인지를 확인하기 위해, 또는 추가적인 조사를 통해 문제를 재구성하기 위해 항상 문제에 이의를 제기하도록 하라.

문제를 절대 액면 그대로만 받아들이지 않도록 하라. 그 문제가 유효한 것인지를 확인하기 위해, 또는 추가적인 조사를 통해 문제를 재구성하기 위해 항상 문제에 이의를 제기하도록 하라. 이해 관계자들이, 즉 클라이언트, 소비자 또는 환자들이 우리에게 말하는 것에 매우 세심하게 반응해야 하지만, 그들의 편향된 이야기를 받아들이는 데는 매우 신중해야 한다. 그리고 그러한 이야기들이 무엇을 의

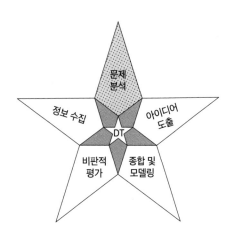

미하는지에 대한 그들의 결론과 그들이 생각하는 것이 최고의 대응인지에 대해서도 조심스러운 태도를 취해야 한다.

　진짜 문제는 여러 가지 이유로 가려져 있을 수 있으며, 덜 심각한 문제나 증상들 때문에 오도되기 쉽다. 이해 관계자들과의 인터뷰나 대화를 통해 수집한 모든 정보와 맥락에 대한 모든 측면, 예전에 해두었던 검색, 기타 관련된 자료들을 검토하고 되돌아보는 시간을 주기적으로 가지도록 하라. 우리의 핵심 목표는, 문제의 근본 원인과 그것을 둘러싼 이슈나 제약사항, 도전, 가능성 등을 깊이 있고도 객관적으로 그리고 증거에 기초해서 이해를 증진하는 것이다.

⋯▸ *5장 중 "전략적 테크놀로지 계획 실행하기"에서 "건물 인도 시점에 하는 전자 정보 교환의 재해석"을 참조하라.*

문제를 제대로 정의하려면 제대로 된 질문을 해야 한다. 만약 문제의 틀을 너무 좁게 보면 혁신적인 솔루션은 말할 것도 없고 효과적인 솔루션마저 제한할 수 있다. 한 사례를 보면, 1960년대에 IBM은 다음과 같은 중요한 질문에 대한 해답을 찾고 있었다. "복사를 하기 위한 더욱 믿을 수 있고, 더욱 저렴하며, 더욱 빠른 프로세스가 있다면 사람들은 한 해에 얼마나 더 많은 양의 복사를 할 수 있을 것인가?" 이 질문의 문제점은, "복사본에 대한 복사본을 복사한 것"까지 포함한, 잠재적으로 더 큰 시장을 고려하기보다는 "원본 복사"로 한정해 문제의 틀을 너무 좁게 잡았다는 것이다. 제대로 질문했다면 예측했을 수도 있는 더 큰 기회를 놓친 것이다. 어떤 문제에 대해 처음으로 질문할 때조차도 현상황이나 여느 때와 다를 것 없는 상태에 집중하는 것을 피해야 한다. 이는 디자인 씽킹 방식의 중요한 부분이다.

··· 4장 중 "교착 상태에 빠진 논쟁 관리하기"의 "플란더스 맨션"을 참조하라.

··· 8장 중 "프로토타입으로서의 초안"을 참조하라.

문제의 본질을 분명하게 서술하는 데 도움을 주기 위해 수집한 정보를 분석하고, 조직화하고, 시각화하고, 수량화하도록 하라. 또는 적어도 전개되는 상황을 보며 그 문제에 대한 잠정적인 정의를 내려야 한다. 아이디어 도출에 대한 선행 과정으로 다음과 같은 과제들을 고려하라.

• 문제의 각기 다른 측면들을 강조하거나 문제의 일부 측면을 분명히 밝히면서, 이해 관계자들과의 인터뷰에서 나온 구체적이고 빈번하게 표출된 요점 또는 주목할 만한 언급을 문서로 기록하라.
• 인터뷰를 보완할 추가적인 조사를 위한 영역이

어디인지 파악하라.

- 맥락에 대한 주요한 관찰 사항을 강조하는 목록이나 도표, 이미지 등을 만들어라. 그래픽은 수많은 복잡한 자료들을 훨씬 쉽게 이해하고 해석할 수 있는 형태로 만들어 준다.
- 최초 문제 설정의 유효성과 관련해 새로운 질문을 만들어라.
- 눈에 띄는 새롭거나 예상치 못했던 패턴, 관계 또는 통찰력 등에 주목하라.
- 수많은 관련 없는 자료들을 (신중하게) 탈락시키도록 하라.
- 문제의 근본적인 원인을 밝혀내도록 하라.
- 겉으로 보기에 압도적으로 큰 문제들을 더 작고 더욱 관리하기 쉬운 요소들로 작게 나누도록 하라. (그러나 머릿속에 전체적인 그림은 품고 있어야 한다.)
- 문제가 복잡할 경우 관련 정보들을 두 개의 카

테고리, 즉 일반적인 카테고리와 구체적인 카테고리로 필터링하라. 이는 한 번에 너무나 많은 정보로 프로세스 단계에 과부하가 걸리게 하지 않게 함으로써 초반 아이디어 도출에 도움을 줄 것이다.

- 제약사항, 우려, 도전 등을 포함한 문제의 범위를 제시하고 또한 궁극적인 목적과 희망, 꿈 (그리고 이에 대한 합리적인 이유) 등도 포함해서 제시하라. 이는 제안된 솔루션들을 평가하는 디자인 평가 기준으로 고려될 수 있다.

분석은 가장 중요한 아이디어 도출 세션을 준비하는 데 있어 필수적이다. 효과적인 브레인스토밍은 문제의 다면적이고도 논리 정연한 이해를 바탕으로 하고 여러 가지 관점으로 문제의 맥락을 보는 데서 출발한다.

아이디어 도출

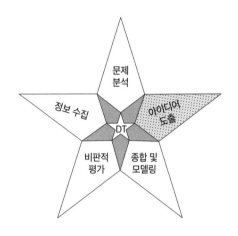

"우리의 직감이 '이게 내가 할 수 있는 것이다'라고 속삭인다면 우리의 양심은 '이게 내가 해야 하는 것이다'라고 외친다. 우리가 할 수 있는 것을 말해주는 목소리에 귀를 기울이도록 하라. 이보다 더 우리의 성향을 더 잘 정의하지는 못한다."

-스티븐 스필버그*Steven Spielberg*

창조성을 깨우는
디자인 씽킹의 기술

이제 문제, 이해 관계자, 맥락에 대한 많은 정보가 밝혀졌고 조사, 분석되었기에, 즉 모든 지식이 파악되었기에 진짜 재미는 지금부터 시작된다. 기억해야 할 한 가지는 이러한 자료에 객관적으로 그리고 제한적으로 대응하는 것은-물론 이는 절대적으로 필요한 것이지만-우리를 딱 거기까지만 데려다준다는 점이다. 이제는 우리를 느슨하게 풀어놓아야 할 때다. 상상과 직관, 혁신, 창조성 등이 주입되도록 하고, 정보를 해석하고 이를 우리의 창조력과 합하여 중요한 솔루션으로 탄생시킬 수 있도록 해야 한다.

⋯ *4장 중 "시민 참여 정치의 확대"의 "의회 책임 법안의 작성과 통과"를 참조하라.*

어떤 주어진 문제에 있어 다양한 이해 관계자들의 우선순위에 따라 특정 결과에 대한 관점이나 기대가 충돌할 가능성도 있다. 디자인 씽커는 다음과 같은 주의사항을 염두에 두고 이러한 우선순위들에 대해 최대한 객관적이고 즉각적으로 대응하는 것이 마땅하다. 그 주의사항이란, 디자이너는 개개인의 특성이나 배경, 경험, 직관, 그리고 고유의 독특한 시각 등을 인정해야 한다는 것이다.

자신의 이상이나 직관에 집중하는 동시에 다른 사람들의 아이디어에 개방적인 자세를 취하는 것이 중요하다. 이는 근본적인 모순처럼 들릴 수 있다. 이해 관계자들의 이야기만 듣고 반응하는 것이 더 용감한가, 아니면 개인의 이상적인 솔루션을 고집스럽게 밀어붙이는 것이 더 용감한가? 아마도 이는 혁신을 자극하는 현실과 이상 사이에 발생하는 긴장으로, 창조력을 일상적이지만 때로는 중요한 의미를 가지는 도전들과 연관시키기도 한다.

브레인스토밍

일반적으로 팀이라는 맥락에서 창조적인 활동으로 여겨지는, 디자인 씽킹의 아이디어 도출 요소는 개인들에게도 매우 효과적일 수 있다. 협력은 좋은 것이지만 문제를 해결하기 위해 팀을 모으는 것이 항상 가능한 것은 (그리고 바람직한 것도) 아니다. 그렇다고는 하지만 다양한 조언을 포착하고 협업이 주는 혜택을 누리기 위한 하나의 방법으로 비평과 견해를 제공할 사람들을 모집하는 것은 유용할 수 있다. (이 장의 뒷부분에 나오는 "비판적 평가"를 참조하라.)

브레인스토밍은 오랫동안 여러 분야의 직업과 산업, 비즈니스에 걸쳐 어떤 형태로든 효율적으로 활용되었다. 다음은, 1939년 브레인스토밍 원칙의 개요를 최초로 서술한 알렉스 오스본*Alex Osborn*의 아이디어를 기반으로 디자인 씽킹에 필수적인 몇몇 기본 사항들을 나열한 것이다.

> 우리는 끊임없이 평가해야 한다는 본성을 누그러뜨리고자
> 최선을 다해야 한다.

- **처음부터 우리의 아이디어를 비평하거나 판단하지 마라.** 평가는 세션이 끝난 후에 해야 하며, 브레인스토밍이 진행되는 동안 하지는 않는다. 브레인스토밍을 얼어붙게 만들 위험이 있고 잠재적으로 신선한 아이디어의 핵심이 발현될 기회가 상실될 수도 있기 때문이다. 우리는 끊임없이 평가해야 한다는 본성을 누그러뜨리고자 최선을 다해야 한다.

- **제한을 받지 않은 무모하고 비정상적인 아이디어도 도출하라.** 통상적으로 일반적이면서 예상할 수 있는, 혹은 뻔한 솔루션들을 만들어내는 데 덧붙여 이러한 전략은 혁신적이고 창조적인 솔루션에 이를 가능성을 더 크게 만들어 준다. 이제는 상투적인 것이 된, 아이디어로 가득 찬

다채로운 색깔의 포스트잇, 색인 카드, 스케치, 도표 등이 등장하는 지점은 바로 여기다.

⤑ *6장 중 "의료 전달 체계"를 참조하라.*

- **가능한 한 많은 아이디어를 개발하라.** 흠이 있든 아니든 더 많은 아이디어를 검토할수록 특별하고 탁월한 무언가를 촉발할 가능성이 올라간다. 완벽을 목표로 할 것이 아니라 이 단계에서는 순전히 양을 목표로 해야 한다. 실험하라. 번개처럼 영감이 떠오르기를 기다리기만 해서는 안 된다.

- **아이디어들을 서로 결합하고 보강하라.** 이전에 제안된 1차 아이디어들을 종합하고 보완하는 것은 브레인스토밍 세션의 자연스러운 경과에 있어 일부가 되어야 한다. 아이디어들을 더욱 세분화하고 문제의 특정 측면에 초점을 맞추

는 한 가지 방법으로 아이디어들을 조직화하고 우선순위를 매기고 분류하라. (예를 들어 "전체적인 그림", "세부 사항" 등을 적은 포스트잇을 붙이거나 각기 다른 정보 바구니에 아이디어를 넣으면 된다.) 여러 아이디어에서 뽑아낸 최고의 요소들을 추려 완전히 새로운 아이디어로 합쳐 보라. 마크 존슨*Mark Johnson*은 이러한 디자인 씽킹이 주는 확실한 혜택을 다음과 같이 단언한다. "우리는 [건축 자재] 비즈니스 프로세스를 다시 만들기 위한 실험들이 때때로 다른 혁신적인 아이디어로 이어진다는 사실을 깨달았다."

아이디어 도출의 구성 요소로서 재미의 가치를 과소평가해서는 안 된다.

규칙적인 간격으로 또는 브레인스토밍 세션

후, 잠깐 멈추고 곰곰이 생각하는 시간을 가지도록 하라. 중요한 요점과 아이디어, 특징 등을 요약하라. 프로세스가 올바른 방향으로 진행되고 있는지를 확실히 하기 위해 이렇게 요약한 것들을 문제 정의를 할 때 서술해 본 전체적인 목표와 비교해 보라.

디자인 씽킹을 위한 태도

바른 태도로 디자인 씽킹의 아이디어 도출 단계에 접근하는 것의 중요성은 아무리 강조해도 지나치지 않다. 아이디어 도출의 구성 요소로서 재미의 가치를 과소평가해서도 안 된다. 재미는 창조력의 문을 열어주고, 자유로이 창조적 생각을 하는 것을 더 용이하게 해줌으로써 긴장과 스트레스를 푸는 데 도움을 주고, 많은 다양한 방법으로 문제를 검토할 수 있도록 도와주기도 한다. 일을 놀이로 여기면 브레인스토밍을 하기가 더 쉬워지면서 자유로운 연상을 통해 아이디어를 이리저리 돌려보고 실패나 비판에 신경 쓰지 않고 신속하게 아이디어를 도출해 보기도 하는 등 그야말로 일이 계속 순조롭게 진행될 수 있다. 성년기를 지나는 과정에서 생긴 수줍음을 극복하는 법을 배우도록 하라. 다음과 같이 해 보도록 하자.

- 모호함을 받아들이도록 하라. 미지의 것들이 많이 존재하기 마련이다. 일단 일을 시작하고 나면 감당해야 할 새로운 정보가 생길 수 있다. 추가적인 전개에 영향을 주기 위해 1차 아이디어에서 피드백을 구하도록 하라.

⋯▶ *8장 중 "프로토타입으로서의 초안"를 참조하라.*

> 최적의 솔루션을 찾는 것이 완벽한 솔루션을 찾는 것보다 더 현실적이다.

창조성을 깨우는
디자인 씽킹의 기술

⋯ 5장 비즈니스 중 "전략적 테크놀로지 계획 실행하기"의 "유레카의 순간과 직감적인 도약"을 참조하라.

위대한 디자인 솔루션에 대한 '유레카*eureka!*'의 순간을 찾는 과정에서 종종 우리는 불분명한 본능, 어렴풋한 단서 또는 어떠한 희망도 없어 보이는 길을 따라가야 하기도 한다. 그러나 최상의 솔루션도 이러한 모호한 지대를 지나는 과정에서 발견된다.

⋯ 8장 중 "프로토타입으로서의 초안"을 참조하라.

- 디자인 씽킹과 우리의 본능을 신뢰하라. 결과를 알 수 없는 프로젝트의 초반에는 항상 어느 정도의 불안함과 염려가 있을 수 있다는 점을 유의하고, 인내심을 가지고 성공적인 결과가 있을 것이라고 가정하라. 초기의 아이디어들은-특히 새롭거나 혁신적인 아이디어들은-유난히 까다롭다는 점을 이해해야 한다.

⋯⋗ *6장 중 "암 치료를 위한 디자인적 접근"을 참조하라.*

대안적인 해결책

최적의 솔루션을 찾는 것이 완벽한 솔루션을 찾는 것보다 더 현실적이다. 사람들에게는 완벽함이 가장 중요한 목표가 되어야 한다는 일반적인 오해가 있다. 사실 대부분의 문제에는 유일한 정답이나 완벽한 솔루션이라는 건 존재하지 않으며, 다양한 상호 보완 요소를 가진 '회색 지대'의 대안들이 있을 뿐이다. 보통 이러한 대안 중 하나가 가장 훌륭한 방안이다. "전율이 오르게 만드는 요소"를 제공하는 것 외에도, 최적의 솔루션은 최우선 순위의 목표를 성공적으로 처리하고 대부분의 제약과 이해 관계자들의 기대를 충족시킨다. (다음의 설명을 참조하라.)

아이디어 도출의 결과물은 문제 정의와 분석에서 개괄적으로 서술된 이슈들을 처리하는 상당히 다른 대안적인 계획이 되어야 한다. 어떤 이유로든 하나의 아이디어가 거절된다면 대신 제안할 만한 열 가지 매우 좋은 아이디어가 있다. 유일하게 존재하는 완벽한 솔루션을 만드는 데 집착할 경우 다른 성공 가능성이 있는 잠재적인 솔루션들을 상상하는 것을 불가능하게 만들며 결국 경직되고 말 것이다.

⋯ 7장 중 "대안과 빅 아이디어"를 참조하라.

작은 걸음들

처음에 무언가가 압도적으로 크게 보이면 한 번에 하나씩 잘라내서 보도록 하라. 필요하다면 일시적으로 자질구레한 사항을 제거해서 주요 요소들에 주의가 집중되도록 하라. 이러한 전략은 컴퓨터가 문제를 해결하는 방식을 실생활의 문제 해결에 응용한 컴퓨팅 사고*computational thinking*와 유사한데, 이는 부분적으로는 "크고 복잡한 일에 덤벼들거나, 또는 크고 복잡한 시스템을 설계할 때 추상화*abstraction*와 분해*decomposition*를 적용하는 것"으로 정의될 수 있다. "이는 우려를 분리하는 것이다."

⋯→ *8장의 중 "전문 작가를 위한 글쓰기"의 "비탈길 아래로 눈덩이를 굴리는 것과 같은 디자인 씽킹"을 참조하라.*

일반적으로 프로젝트나 문제가 시작되는 시점에는 고려해야 하는 변수가 너무나 많아서 한 번에 모든 것을 함께 작동시키는 것은 사실상 불가능하거나 너무 벅찬 일이다. 이럴 때 취할 수 있는 한 가지 전략은, 문제를 감당할 수 있는 조각들로 나누어 작은 걸음을 떼면서 일부 제약들은 잠깐 그냥 흘러가도록 두고 다른 제약들에 집중하는 것이다. 이렇게도 해 보고 저렇게도 해 보라. 하나의 조사는 다른 조사에 영향을 미친다. 또 다른 전략으로는, 완전한 그림을 완성하기 위해 한 번에 한 조각씩 맞추어야 하는 조각 퍼즐의 비유를 고려하는 것이 있다. 그림이 완성되는 동안 조각들을 이리저리 옮겨보는 것은 매우 효과적일 수 있다.

···→ *5장 중 "전략적 테크놀로지 계획 실행하기"에서 "조각 퍼즐 같은 전략 계획"을 참조하라.*

브레인스토밍을 위한 팁

다음은 아이디어 도출을 용이하게 해 줄 몇 가지 전략을 나열한 것이다. 어떤 전략은 구체적인 문제에 따라, 그리고 개인적인 스타일이나 성향에 따라 다른 전략들보다 더 가치가 있을 수 있다.

• 판단을 유보하라. 만약 우리가 끊임없이 아이디어들을 평가한다면 몇몇 잠재적으로 훌륭한 솔루션을 놓치게 될 수도 있다. 지우거나 삭제하려는 천성에 맞서 싸워라. 새로운 관점에서 아이디어를 살펴보기 위해 일을 잠시 유보해 두라. 시간이 좀 지나고 추가적인 탐구를 하

고 난 후에 아이디어를 다시 살펴보고 싶을 수 있다.

- 브레인스토밍 세션에 집중하라. 브레인스토밍 세션은 문제의 한 가지 측면, 즉 문제 해결을 위한 프로세스 자체를 디자인하는 것 또는 큰 그림을 다루는 것에 기여할 수 있다.

- 시행착오와 개선에 참여하라. 이 오래된 격언은 창조력을 자극하기 위한 훌륭한 전략이다. 때때로 우리는 대부분의 디자인적 결정에는 책임이 따른다는 경고를 마음에 새기고 뛰어들어야 하는 시작점이 어디인지를 임의로 정해야 한다. 따라서 행동에 옮기도록 하라. 추가적인 탐구의 기초를 제공하고, 결국에는 평가를 위한 기초를 제공하는 행동을 시작하라.

> 나쁜 아이디어도 종종 이례적으로 특출한 아이디어의 촉매제가 되기에 훌륭하다고 할 수도 있다.

창조성을 깨우는
디자인 씽킹의 기술

- 문제의 맥락에 몰입하라. 더 깊숙하게 들어가고 이슈를 더 충분히 이해할수록 아이디어가 떠오르고 명확해질 것이다.

- 무언가 다른 것을 하라. 즉, 모험하라는 것이다. 창조력을 기르기 위해 우리가 일하는 방식을 바꾸도록 노력해 보라. 모험을 받아들이지 않고 성장하거나 배우기는 어렵다.

- 나쁜 아이디어와 실패도 필수적이다. 나쁜 아이디어도 종종 이례적으로 특출한 아이디어의 촉매제가 되기에 훌륭하다고 할 수 있다. 나쁜 아이디어는 제대로 인식되어야 한다. 즉, (위에서 언급한 바와 같이) 모든 아이디어는 즉각적으로 구겨버리지 말고 한 번 고려하고 살려 본 다음 폐기하거나 받아들이거나 강화해야 한다. 성공하지 못한 것도 디자인 씽킹의 가치 있는 일부로, 중요한 정보를 파악하고 발견하는 기회로, 그리고 혁신을 위한 동기로 받아들여야

한다. 아이데오의 모토이자 이제는 상투적인 말이 된 "실패는 종종 더 빠른 성공을 부른다."라는 말이 특히 핵심적이다. 실패는 혁신과 성공으로 가는 가도에 있어 너무나도 중요한 요소이기에 최근 스웨덴에는 실패 박물관*Museum of Failure*이 문을 열었다. 이 박물관에는 빅*Bic*의 여성용 펜인 허*Her*나 할리데이비슨*Harley-Davidson*의 향수, 콜게이트*Colgate*의 비프 라자냐 *Beef Lasagna*와 같이 대중적으로 유명한 실패작들이 전시되어 있다. 조직 심리학자이자 이 박물관의 큐레이터인 사뮤엘 웨스트*Samuel West* 박사에게 아래와 같이 말한다.

• 이 박물관의 목적은 혁신에는 실패가 필요하다는 사실을 보여주는 것이다. 우리가 실패를 두려워하면 혁신도 할 수 없다. 새로운 어떤 것을 창조하려면 실패를 하게 된다. 이를 부끄럽게 여기지 마라. 이러한 실패를 무시하는 대신 실

패에서 배워야 한다.

⋯ *5장 중 "패스트 페일과 반복"을 참조하라.*

• 제약을 제한이 아닌 기회로 보라. '약간의 창의
력'을 더하면 문제도 독특한 자산으로 변형될
수 있다. 예를 들어 리노베이션을 할 때 중요한
공간의 한 가운데에 공간을 방해하는 것처럼
보이는, 구조적으로 필요한 기둥이 있다고 가
정해보자. 큰 비용을 들여 그것을 철거하는 대
신 또 하나의 똑같이 생긴 (비구조적인) 기둥을
추가로 설치해서 기존의 기둥을 더 큰 3차원 구
성 요소의 본질적인 일부로 만들 수도 있을 것
이다. 그렇게 해서 새로운 입구나 지지대를 탄
생시킬 수도 있고 독특한 동선을 만들어낼 수
도 있다. 이처럼 새로운 가능성에 열린 마음을
가져라. 제약은 우리가 보다 가치 있는 솔루션

을 찾을 수 있도록 더욱 창조력을 발휘할 수 있도록 밀어붙이는 훌륭한 동력이다. 이러한 진짜 기회 역시 인식해야 한다는 점을 기억하라.

- "~라면 어쩌지?"라는 게임을 할 시간을 마련하라. 무엇이 가능한지에 대한 일련의 질문들을 만들어라. 그런 후 결과를 고려하되 대답을 즉각적으로 내놓아야 한다는 걱정은 하지 마라. "내가 x를 한다면 y나 z가 일어날 수 있다." 또는 "내가 x를 한다면 y라는 문제들을 다루어야 해"와 같이 말이다. 스스로 대답을 짐작까지 하게 되는 질문을 제기하는 것이 너무나도 큰 즐거움이 되는 덫을 조심하도록 하라. (특히 학계에 있는 건축가들이 이러한 현상에 예속된다.) 건축가 돈 메츠Don Metz가 "~라면 어쩌지?" 게임을 분명하게 보여준 좋은 이야기 한 토막이 있다.

⋯▸ *6장 중 "암 치료를 위한 디자인적 접근"을 참조하라.*

창조성을 깨우는
디자인 씽킹의 기술

늘 그렇듯 이 프로세스는 "~라면 어쩌지?"와 같은 질문들을 위주로 구성되어 있다. 이것을 여기에 넣으면 저기에 맞을 것인가? 방들 사이의 적절한 위계는 어떻게 만들 것인가? 집 안에서 빛의 시선(視線)과 광원은 무엇인가? 안에서 밖을 향한 전망은 어떠한가? 위나 아래가 아닌 집의 반대편 끝쪽에 침실을 배치한다면 이것이 인테리어 구획에 대한 고객의 기대를 어떻게 바꿀 것인가?

구성 요소들(창문, 문, 기둥, 빔, 코너, 계단 등)의 리듬을 유익한 방향으로 활용 또는 파괴하거나, 공간을 확장하거나, 혹은 간결하게 만드는 방법이 있는가? 벽을 천장 있는 데까지 닿지 않게 해서 개방감을 얻으면서도 사생활 보호 효과를 유지할 수 있을 것인가? 어떤 아이디어들은 다른 아이디어들을 제안할 수도 있고 어떤 것들은 아무런 결과를 보여주지 않기도 한다.

각 논지를 입증 또는 반박하는 동안 이러한 탐

색은 효과가 있는 어떤 지점으로 우리를 이끌 것이다. 그렇지 못할 수도 있다.

메츠가 (위와 같이) 자기 자신에게 제기했던 질문들은 창조적인 대응을 자극하는 주된 수단이 된다.

- **열정을 다하라. 문제 속에서 일정 차원에서 개인적인 연결 고리가 있는 몇몇 특정 요소들을 찾아보라.** 이러한 요소들은 우리의 영혼 속에 있는 무언가를 작동시켜 가능성 있는 솔루션에 실질적으로 기여하는 방식으로 이를 표현하도록 만들 수 있다.

- **우리의 솔루션이 실행으로 이어질 것이라고 가정하라.** 이러한 식의 사고방식은 자기충족적 예언을 실현하는 데 도움을 주고 우리의 개인적인 투자를 안전하게 해 주는데, 이는 디자인 씽킹에서 너무나 중요한 것이다. 우리 자신이 여러 유형의 이해 관계자가 되었다고 상상하고

이러한 이해 관계자들이 하나의 솔루션이나 프로젝트를 구체적으로 어떻게 경험하게 되는지를 상상해 봄으로써 자신만의 가상 현실을 구축하라. 이러한 방식으로 모든 혜택과 문제들을 완전히 살피며 우리의 디자인 솔루션을 마음속으로 그려보고 그것이 현실화된 상황을 예상하라.

⋯▸ *5장 중 "대학에서의 디자인 씽킹"의 "비전화하기"를 참조하라.*

- **아이디어 도출을 용이하게 하는 단어를 사용하라.** 의도적으로 모호하게 사용한 단어는 해석에 있어 유연함을 허용해 새로운 아이디어를 촉발하는 데 도움을 준다. 예를 들어 무리cluster, 지렛대*leverage*, 촉진*promote*, 층*layer*, 화면*screen*, 교차*intersect* 등과 같은 단어들을 생각할 때 어떤 이미지가 떠오르는가? 단어들을 사

용하는 또 하나의 방법은 제안된 솔루션이 어떨 것 같은지를 이야기처럼 상상하고 그려보는 것이다. 문제와 솔루션을 둘러싼 이야기를 디자인하라. 즉, 사건과 다양한 사람들과 시간이 포함된 여러 가지 시나리오를 상상해 보자.

⋯⋯→ *8장 중 "아하의 순간에 이르기"를 참조하라.*

- **여러 가지 척도를 동시에 사용하라.** 한 걸음 뒤로 물러나서 대상을 확대하기도 하고 축소하기도 해 보자. 이는 세부적인 것에 대한 주의를 놓치지 않으면서도 항상 큰 그림을 유념하게 해 주므로 유익한 방법일 수 있다.

브레인스토밍에서의 전형적인 실수들

다음에 나오는 내용은 우리가 인식할 수 있고, 피할 수 있는 전형적인 함정들이다. 상투적인 이야기지만, 말은 쉬워도 말처럼 하는 건 그렇게 쉽지 않다. 그러나 이러한 함정들을 알고 있는 것도 디자인 씽킹에 도움이 될 수 있다.

- **비판에 대응하는 것은 디자인 취지를 타협하는 것으로 여겨진다.** 태도를 바꾸어 제안된 솔루션을 변경하는 것은 더 많은 브레인스토밍을 하는 기회이자 솔루션이나 프로젝트를 훨씬 더 개선하는 기회로 보일 수도 있다.
- **훌륭한 것으로 여겨졌던 초기 아이디어는 최종 결과를 낼 때까지 조금도 건드리지 않고 그대로 실행되어야 한다.** 완벽한 솔루션을 찾아야 한다는 집착과 관련하여, 아이디어에 심취하는 것이 더 큰 목표나 전체적인 맥락에 방해가 되지 않아야 한다. 대안에 대한 개방적인 태도(아마도 같은 수준으로 열정적이지만 매우 다른 자세)는 경험의 전형적인 특징이다. 주의: 드문 경

우지만, 훌륭하고 실질적인 1차 아이디어는 싸워서 지켜야 할 가치가 있다.

- **주객전도.** 솔루션의 어떤 한 측면이나 특징을 너무 소중하게 여겨서는 안 된다. 인상적인 세부 요소 하나가 의사 결정 전체를 지배하도록 두어서는 안 된다.

- **브레인스토밍을 통해 얻은 훌륭한 아이디어를 모조리 사용한다.** 일반적으로 너무나 많은 것들이 동시에 발생할 때 한 가지 강력한 관점은 보이지 않는다. 무수히 많은 기발한 말들로 훌륭하고 견고한 개념을 희석해서는 안 된다. 과학자 알버트 아인슈타인*Albert Einstein*은 다음과 같이 말한 바 있다. "지적인 바보라면 누구나 사물을 더 크고 더 복잡하게 만들 수 있다. 그러나 그 반대편으로 가기 위해서는 천재의 손길과 많은 용기가 필요하다."

- **일을 진전시키는 데 전적으로 도움이 되지 않**

는 과업에도 공을 들이는 것. 시간은 우리가 가진 가장 중요한 자원 중 하나다. 흥미롭기는 하지만 문제와 미미한 관련 정도만 있는 일에 집중함으로써 시간을 잘못 운용하는 것은 흔히 발생하는 일이다. 하찮은 활동의 수렁에 빠지지 않도록 우리가 하는 것을 지속적으로 모니터링해야 한다.

• **나쁜 아이디어도 작동할 수 있도록 계속해서 개선한다.** 너무나 많은 개선이 필요한 것처럼 보이면 이 아이디어를 버리고 새로운 대안에 착수하는 것이 타당할 수 있다.

솔루션의 어떤 한 측면이나 특징을 너무 소중하게 여겨서는 안 된다.

전율을 일으키는 요소

디자인 씽킹을 차별화하는 한 가지 특징을 꼽자면, 그것은 디자인 씽킹 과정에서는 그런대로 괜찮은 솔루션과 훌륭한 솔루션을 구분하는, 일종의 마법과도 같은 중대한 무형 자산을 하나의 요소로 통합시키고자 한다는 점이다. 모든 문제가 이에 해당하는 것은 아니지만 현실적인 문제를 해결하는 차원을 넘어설 기회를 항상 찾도록 하라. 문제를 존중하되 솔루션의 즉각적인 유용성을 뛰어넘는 무언가, 어쩌면 이해 관계자들이 결코 상상하지 못했던 어떤 것을 창조해야 한다. 정서적인 반응을 이끌어낼 것이라는 희망을 가지고, 제약 안에서도 가장 훌륭한 가능성을 찾으려고 노력하라. 이것이 디자인 씽킹의 참모습에 해당한다.

앞선 논의에서 나온 모든 주의사항은 자명한 진리이자 실제로 어떤 사람들에게는 자연스럽고 자동으로 따라오는 것으로 보일 수 있다. 그러나 사회

가 점점 더 복잡해지고 경제적, 규범적, 관념적 제
안 사항들이 늘어감에 따라, 비유적으로 말해 가끔
은 있는 것도 다시 돌아보는 것도 가치 있는 일이
다. 오늘날에는 효율적이고 창조적인 생각을 하는
것이 더욱 어려워진 것이 현실이므로, 따라서 디자
인 씽킹이 아마도 그 어느 때보다 더욱 유의미하다
고 할 수 있다.

⋯→ *8장 중 "프로토타입으로서 초안"을 참조하라.*

모델링을 통한 종합

거기서 해낼 수 있다면 어디에서도 해낼 수 있다.

-1977년, 존 칸더*John Kander*가 작곡하고 프레
드 엡*Fred Ebb*이 작사한 영화 〈뉴욕 뉴욕*New York, New
York*〉의 주제가 중에서.

위에서 인용한 가사 중 중요한 의미가 있는 단어는 "해내다"라는 말이다. 브레인스토밍 세션에서 나온 최고의 아이디어들을 골라 이를 더욱 높은 수준의 솔루션으로 만들고 그것을 프로토타입이나 모델로 만들면서 상세하게 가다듬어라. 모델이나 프로토타입이 꼭 어떤 물건이나 건물일 필요는 없다. 이는 일종의 솔루션 또는 "결과물"이다. 전략이나 애플리케이션, 이야기, 경험 등에서 비롯된 것에서부터 아이디어의 증명, 즉 아이디어의 "작동 가능한

프로토타입"으로서 기능을 하는 비즈니스 모델에 이르기까지 거의 모든 것이 모델이나 프로토타입이 될 수 있다.

이러한 디자인 씽킹의 단계에는 브레인스토밍에서 나온 모든 아이디어를 추려서 가장 유력한 것들로 좁혀 나가는 과정이 포함된다. (집중적 사고 convergent thinking) 가장 적절하고 영감을 주는 아이디어들을 선별하고 이에 집중하도록 문제의 정의를 재검토하며 그 정의에서 명시된 디자인 기준을 적용해 보도록 하라. 이는 분명 앞에서 말한 것과는 대조적으로, 아이디어 도출이 확산적 사고divergent thinking로 특징지어질 수도 있다는, 사고방식의 변화를 필요로 한다.

모델을 만드는 데는 두 가지 중요한 목적이 있다. 첫 번째 목적은 모델을 만드는 행위를, 아이디어를 논리 정연한 솔루션으로 바꾸는 도구로 사용하는 것이다. 물리적으로 입체적인 모델이든 전략을 서술하는 설명이든, 무언가를 만든다는 것은 혁신을 위해 (그리고 다양한 상황에서 펀딩을 위해) 매우 중요하다. MIT 기계공학과 교수인 마틴 컬페퍼 *Martin Culpepper*는 이렇게 말하기도 했다. "무언가를 어떻게 할 것인지에 대해 생각할 수 있지만, 숙고만으로는 한계가 있다. 때로는 유레카의 순간을 가지기 위해 프로토타입을 만들어야 하는 수도 있다." 예를 들어 판지를 이용해 대략적인 연구 모델을 만들어 보라. 판지를 조각조각 자르고 무언가를 바꾸고 다시 조립해 보라. 실험하라. 놀이를 하라. 탐구하라. 글, 그림 또는 디지털과 같은 다른 미디어를 다룰 때도 유사점이 있다. 판지 조각을 자르고 붙이는 것만큼이나 쉽게 단어와 문장을 잘랐다 붙였다 해볼 수 있다.

> 프로토타입을 만들 때 발생하는 뜻밖의 재미를 과소평가해서는 안 된다.

창조성을 깨우는
디자인 씽킹의 기술

프로토타입을 만들 때 발생하는 뜻밖의 재미를 과소평가해서는 안 된다. 창조적인 작업은 흔히 모델의 요소들을 변화시키고 바꾸고 합침으로써 분명하게 드러난다. 그러한 요소들에는 단어, 문장, 윤곽의 일부, 판지 조각, 트레이싱 페이퍼로 덮어 굵은 매직펜으로 그린 도표, 스프레드시트, 사진, 디지털 레이어(digital layer) 등 무엇이든 될 수 있다. 호기심을 가지고 이러한 모형화가 우리를 어디로 이끄는지 지켜보도록 하라. 모델을 구축하기 위해 어떤 도구를 사용하든, 즉 그림으로 그리든 글로 적든 모델을 만들든 이러한 도구는 우리가 개념적으로 생각하는 데 도움이 되어야 한다. 이것이 디자인 씽킹의 흥미로운 측면 중 하나로, 결과가 무엇이 될지 알 수 없는 데다 너무나 많은 대단한 가능성이 있기 때문이다.

···▸ *3장 도구와 전략을 참조하라.*

이러한 프로토타입은 디자인 씽커와 프로젝트 사이의 "대화"를 촉진시킬 수 있어야 한다. 신속하게 만들고 대화가 계속 이어지도록 하라. "모호함과 추상적 관념은 개념화의 초기 단계에서는 특히 중요하다. 상기와 기억에서 끌어낸 아이디어의 창조적 연상을 위한 기회를 제공하기 때문이다." 게다가 완벽을 얻으려고 노력하는 데 시간을 들이지 말아야 한다. 처음 몇 번의 반복은 "초안"으로 이는 앞으로 더 발전되고 개선될 가능성이 크다.

모델을 만드는 두 번째 목적은 테스트와 비판적 평가를 통해 피드백을 얻기 위해서다. 그러므로 이러한 모델은 가장 건설적인 논평과 비평을 끌어내기 위해 제안된 (초안 상태의) 솔루션을 가장 비슷하게 구현한 것이어야 한다. (다음 주제인 "비판적 평가"를 참조하라.)

- 프로토타입 개발에 있어 모든 단계별로 이해
  관계자의 관점을 고려하라.
- 다른 사람들에 의한 비판적 평가를 위해 몇 가
  지 대안들을 동시에 추구하라.
- 초기 프로토타입에 대한 반응들은 차후의 프로
  토타입 개발의 방향을 바꿀 수도 있는 새로운
  정보와 통찰력을 제공할 수도 있다.
- 어떤 아이디어가 문서상으로 아무리 훌륭해 보
  인다고 해도 설득력 있는 대안이 되는 것은 (작
  동을 하는) 프로토타입이다.

비판적 평가

비판에 노출되면서 다양한 배경과 경험을 가진 사
람들과 업무에 대해 잦은 대화를 하면 아이디어를
더 상세하게 다듬고 정제하며, 어떤 아이디어는 폐

기하거나 새로운 아이디어들을 제안하는 데 기여
할 수 있다. 다양한 관점과 기술 역량을 가진 개인
들(특히 우리의 생각과 일치하지 않는 관점을 가진 사람
들)이 제기하는 도전을 구하는 것의 중요성은 강조
되어야 한다. 시너지를 일으키는 방식으로 그들의
아이디어들을 활용하고 통합하는 것은 무슨 일을
하든 그 일을 더 잘 할 수 있도록 우리 모두에게 도
움을 줄 수 있다. 사실 타당한 비판은 배움의 기회,
업무를 개선하는 기회로 고려되어야 한다. 그러므

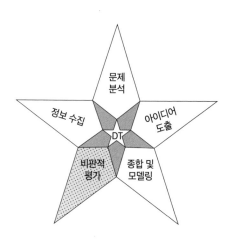

로 대화와 비판은 최선의 솔루션에 도달할 수 있게 해주는 가장 필수적인 도구 중 하나다.

→ *5장 중 "요리에서의 창조성"을 참조하라.*

피드백은 왜 중요한가? 마들렌 사이먼*Madlen Simon*은 다음과 같이 상술한다.

대화와 비평은 디자인 씽커들이 프로세스를 개인적으로 되돌아보는 데 도움을 준다. 어떤 아이디어를 분명하게 표현하거나 비판에 대응해야 할 때 우리는 그 이슈의 더 다양한 측면에서 생각해야 하는데, 이렇게 함으로써 아이디어는 더욱 구체성을 띠는 경향이 있다. 반면 대화를 하지 않고 무언가를 우리 머릿속에 계속 가두어 두면 앞으로 달려가는 과정에서 반성의 단계가 등한시되고 기회와 통찰력을 잠재적으로 상실하게 된다.

비판에 대응하여 변화나 수정을 하는 것은 타협으로 볼 필요가 없다. 오히려 그 프로젝트가 어떤 특별한 이슈에 대해 더욱 민감하고 더욱 빠르게 반응할 수 있도록 만들어주는 어떤 것이라고 인식되어야 한다.

비판적인 피드백은 복잡한 이슈들에 대한 다양한 관점을 분명하게 드러내는 데 도움을 줌으로써 문제의 모든 측면을 확실히 고려할 수 있도록 해준다.

중요한 경고에 주목하라. 이 모든 것은 우리가 항상 무조건적으로 비판에 굴종하고 공손한 태도를 취해야 한다고 말하려는 것이 아니다. 우리에게 주어진 논평이 솔직히 터무니없거나 빗나갔거나 그저 명백히 틀린 순간들도 있고, 다른 누군가가 우리 프로젝트를 위해 상책이 아닐 수도 있는 목적이 있을 수 있다는 사실도 인식해야 한다. 그러므로 비판적인 도전에 조심스럽게 주의를 기울이고 최고로 좋은 비판을 추려내어 이를 강화해야 하되, 완전히 틀렸거나 무관한 것은 바로 인정하고 일축해야 한다.

외부 비판

반복 루프의 이 마지막 요소는 최종 결과물을 형성하는 데 있어 너무나도 큰 영향을 미친다. 모델이나 프로토타입에 대한 실용적이고 적절한 피드백은 수용하라. 이해 관계자들, 동료들, 전문가들 또는 전공자들, 그리고 약간이라도 우리의 일과 관련이 있는 사람이라면 누구에게나 피드백을 구하라. 피드백이 들어오면 이를 실시간으로 루프에 통합하는 것이 디자인 씽킹의 독특한 속성이다.

비판에 대응하여 변화나 수정을 하는 것은 타협으로 볼 필요가 없다. 오히려 그 프로젝트를, 추가적인 관심을 기울이지 않았다면 조명되지 않았을 수도 있는 어떤 특별한 이슈에 더욱 민감하고 반응하는 프로젝트로 만드는 수단으로 인식해야 한다. 비판에 대한 또 한 가지 반응은 그 프로젝트를 완전히 다른 과제로 생각하는 것으로, 이는 하나의 문제에 접근하는 데는 수많은 방법이 있다는 사실을 보여준다. 나의 경우 대개 비판은 업무를 개선하는 데 도움이 되었기에 사실상 건설적인 비판을 기대한다.

이해 관계자들에게서 주어지는 건설적인 제안들에 대응함으로써 얻을 수 있는 또 하나의 혜택은, 특히 그러한 제안들이 실질적이고 진심 어린 것이라면, 이러한 이해 관계자들은 해당 프로젝트에 훨씬 많은 투자를 하게 된다는 점이다. 이해 관계자가 제안했거나 냅킨 뒤에 흘려 적었거나, 또는 다른 유사한 문제에서 얻은 선례로 제시된 아이디어들에는 참고 표시를 반드시 해두도록 하라. 예컨대 그러한 낙서로 촉발된 아이디어가 솔루션의 특정 측면으로 어떻게 해석되었는지, 또는 의사 결정을 하는 데 있어 영향을 미쳤는지를 언급해두어야 한다.

⋯→ *4장 중 "시민 참여 정치의 확대"를 참조하라.*

비판을 받아들이고 이에 대응하는 것이 항상 쉬운 일은 아니지만, 피드백을 가장 잘 활용하기 위해서는 몇 가지 중요한 불변의 진리를 유념해야 한다. 가장 확실하고 중요한 것은 방어적으로 반응하는 자연스러운 경향을 피하는 것이다. 그 비평가가 주장하는 것이 무엇인지를 정확하게 이해하기 위해 노력하라. 무언가 모호한 점이 있다면, 들은 말에 대한 나름의 가설을 세우고 비평가가 언급한 것을 고쳐서 말해 보라. 이렇게 하면 모호한 것이 명확해질 가능성이 크고(비평가가 더 유용한 방식으로 더 상세하게 설명할 수도 있다), 당신의 노력을 사람들이 이해할 수 있도록 보여줄 수 있다. 그러나 더 많은 대화는-그리고 중요한 요점을 반복하는 것은-새로운 아이디어를 유발하거나, 이전에는 당신의 일에 도움을 줄 수 있으리라 여겨지지 않았던 질문들을 제기할 수 있다. 긴장이 창조성으로 이어질 수 있다거나, 상충하는 관점이 더 넓고 더 깊은 사고를 촉진하는 경향이 있다는 둥의 상투적인 말들은 참여하는 사람들 개개인이 반대되는 아이디어들을 선뜻 수용할 수 있을 정도로 아주 건강하고 안정적인 한 지당한 사실이다.

자기비판의 기술

디자인 씽킹의 강력한 요소가 될 수 있는 자기비판의 습관을 기르도록 하라. 자기비판은 새로운 아이디어에 효율적으로 영감을 줄 수 있고, 프로젝트나 솔루션에 특별한 의미를 부여할 수 있으며, 우리의 의견과 포부를 뒷받침하는 설득력 있는 주장을 만들어낼 수 있다. 뉴멕시코대학교 미술사 및 건축학부의 전(前) 학과장인 크리스토퍼 미드*Christopher Mead* 교수가 말하기를, 자기비판을 디자인 도구로서 적절하게 활용만 한다면 문제 정의, 미션, 권한

등과 같은 기준에 비추어 볼 때 초기 아이디어가 얼마나 견고한지를 테스트하는 데 도움이 될 수 있다.

이러한 아이디어들의 가치가 일단 입증되고 나면, 실수와 흠을 제거함으로써 일관성 있는 발전을 보증하기 위해 계속해서 테스트하라. 하나의 솔루션에 대해 비판적으로 사고할 때, 모든 의사 결정과 시도, 아이디어들이 어떤 식으로든 더 큰 개념과 관련이 되어야 한다는 점을 유념하라.

···→ *8장 중 "프로토타입으로서의 초안"을 참조하라.*

자신의 의견을 스스로 반박하는 자세를 취하라. 잠재적인 해결책과 그 결과에 대해 냉정한 질문을 던져 보라. 이러한 창조적 긴장*creative tension*의 시뮬레이션은 단점을 인식하는 데 도움을 주는 효과적인 전략이 될 뿐만 아니라 당신이 매우 새롭고 획기적인 대안들을 생각할 수 있도록 해주는 촉매제가 될 수 있다.

크리스토퍼 미드는 디자인 씽킹과 관련하여 비판의 가치를 다음과 같이 간결하게 요약했다. "비판은 익숙한 것을 다른 관점에서 보게 하고, 진부한 습관에서 우리를 흔들어 떨어뜨리고, 우리가 간과할 수도 있었던 문제들에 대해 생각하도록 자극할 수 있다."

여기에 좀 더 덧붙여 말하자면, 비판적 평가는 이해 관계자들과 맥락에 최적으로 대응하고, 비용 효율적이며 정교한 솔루션을 만드는 데 도움을 준다. 최대한 많은 피드백을 구하라. 피드백은 우리가 하는 일의 질을 높여줄 것이다.

3장.
도구와 전략

3장에서는 호기심, 탐구심 등을 키우고, 디자인 씽킹 프로세스를 발전시키며, 최적의 솔루션을 찾는 수단을 촉진할 수 있는 다양한 도구와 전략을 설명할 것이다. 그림이나 도표처럼 쉽게 이용할 수 있는 매체를 통해 문제의 개요를 명쾌하게 서술하고 제안된 솔루션을 기술하는 것, 스프레드시트나 칠판을 사용하는 것, 심지어 사진을 찍는 것 등은 그 문제에 대해 효과적으로 생각하도록 하는 훌륭한 전략이 될 수 있다. 그저 적절한 도구를 활용하는 것만으로도 새로운 아이디어가 점점 명확해질 수 있는 것이다.

새로운 아이디어는 그저 적절한 도구를 활용하는 것만으로
도 점점 명확해질 수도 있다.

다이어그램 만들기

정보를 이해하기 쉬운 분석적 형태로 바꾸는 것은
꽤 유용할 수 있다. 또 이는 창조성을 불러일으킬
수도 있다. 데이터를 시각적으로 표현하는 것은 디
자인 씽커들과 이해 관계자들이 문제를 더욱 정확
하게 이해하고 솔루션을 위한 어떤 가능성이 있는
지를 생각하는 데 도움을 준다. 러프 스케치(rough
sketch, 대략적 스케치)도 문제의 요소 간 관계와 위
계를 강조하면서(또는 제시하면서) 효율적으로 자료
를 조직화하는 데 도움을 주고 패턴을 더 쉽게 파악
할 수 있게 해준다. 유사한 요소들을 그룹으로 묶거
나 요소들을 새로운 방법으로 재혼합하는 것도 마

찬가지로 흥미로운 사실을 드러낼 수 있다. 다이어그램으로 만들기의 궁극적인 목적은 탐구, 즉 문제에 대해 충분히 생각하고 난 다음 "아이디어를 포착"하고 결국에는 이 아이디어를 효과적으로 전달하기 위함이다.

⋯▸ *5장 중 "대학에서의 디자인 씽킹"을 참조하라.*

다이어그램 만들기(diagramming)는 버블 다이어그램*bubble diagram*, 마인드맵*mind map*, 순서도, 조직 구조도, 의사 결정 나무*decision tree*, 개념도*concept map*, 개요 또는 글머리를 붙인 목록, 그리고 심지어는 포스트잇에 하는 메모까지, 정보를 시각적으로 묘사하는 모든 활동을 포함한 것으로 광범위하게 정의할 수 있다. 특히 포스트잇은 이리저리 옮겨 붙이기가 쉬워서 여러모로 활용하고 실험하기 좋으니 늘 곁에 두도록 하자(그림 3.1과 3.2 참조).

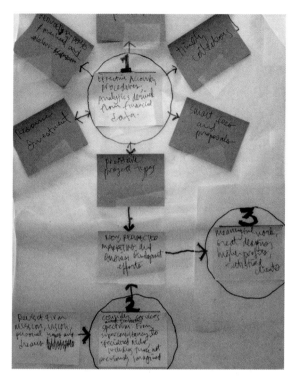

그림 3.1 그림의 전개: 1/2. 포스트잇은 어디에서나 쉽게 사용할 수 있게 갖춰두어야 한다. 포스트잇은 쉽게 사용하고 다룰 수 있기 때문이다. 생각들을 조직화하기 위한 첫 번째 시도로 포스트잇에 우리의 생각들을 적어 붙여 놓을 수 있다.

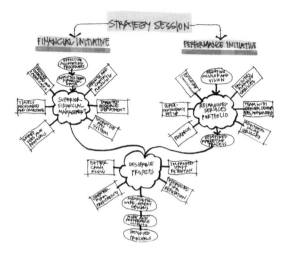

그림 3.2 그림의 전개: 2/2. 포스트잇을 옮겨 적고 보강하며 최종적인 그림을 만들기.

버블 다이어그램의 버블은 어떤 요소를 추상적인 그래픽으로 표현한 것으로 취급되기 쉽다. 버블들을 연결하는 선은 각 버블들의 관계를 나타내는 데 있어 꽤 중요하다. 예를 들어, 한쪽 혹은 양쪽 화살표가 있는 굵은 실선은 두 버블 간에 직접적인 관계가 있음을 말해줄 수 있고, 옅은 점선은 2차적인 관계를 시사할 수 있다는 식이다. 다양한 모양들(원형, 사각형 등)과 색깔은 요소들이나 카테고리들을 강조하거나 구분하는 데 사용될 수 있다. 효과적인 그림을 만들기 위한 한 가지 열쇠는, 전문적인 그래픽 작업은 아니지만 내용을 충분히 상술하는 추가 정보들을 전달하기 위한 수단으로 버블이나 박스에 아낌없이 주석을 다는 것이다.

누구나 두 간단하고 대략적인 그림이나 도표 정도는 신속하게 그릴 수 있는 정도의 역량은 갖고 있다. 냅킨 스케치를 떠올려 보자. 가장 창조적이라고 불리는 일부 작업은 비행기에서 받은 냅킨 위에 하는 스케치에서부터 시작되기도 한다. 그림을 그리기에 앞서 별 기대 없이 낙서해 보는 것은 더욱 중요한 스케치를 위한 시동을 걸 수 있는 방법이며, 심지어 뜻밖의 돌파구로 이어질 수도 있다.

사람들은 저마다 좋아하는 펜을 가지고 있다. 깔끔한 하얀색 A4 용지, 신문 인쇄용지, 크라프트지, 노란색 트레이싱 페이퍼 또는 칠판에 사용하는 분필, 굵은 매직펜, 만년필 등은 원초적인 감각미를 가지고 있다. 이는 우리에게 계속 무언가를 그리도록 만드는 촉각적, 시각적, 청각적 자극을 혼합한 본질적인 기쁨을 제공한다. 이슈들에 대해 생각하면서 이러한 훌륭한 매체들도 충분히 이용하도록 하라.

한편, 디지털 기기가 좀 더 익숙한 사람들이라면 스케치나 낙서를 하거나 그림이나 도표를 만드는 다양한 애플리케이션을 사용해도 된다. 이러한 애플리케이션으로 그리는 것이 멋진 것처럼 보이더라도 최종 목표는 그 그림이나 도표가 어떻게 보이느냐 또는 그 그림이나 도표를 어떻게 만들었느냐가 되어서는 안 되며, 그림이나 도표는 아이디어의 탐구를 위한 유용한 도구로서 여겨져야 한다는 점을 유념해야 한다. MIT 아이데이션 랩*Ideation Lab*의 마리아 양*Maria Yang* 교수는 다음과 같이 말한 바 있다. "테크놀로지는 강력하지만 때때로 우리의 유연성을 약화할 수도 있는데, 디자인의 초기 단계에서는 특히 그렇다."

여기에 더하여, 스케치는 우리의 머리에서 나온 생각을 손으로 가장 즉각적으로 표현할 수 있는 수단이기에 훌륭한 도구가 된다. 스케치를 하는 과정은 진정으로 창조적 사고를 향상시켜 줄 것이다. MIT 도시계획 전공 교수였던 도날드 쉰*Donald Schön*의 명언에 따르면, 그림을 그리는 것은 "[우리가] 설정한 맥락과의 반성적 대화"를 가능하게 한다. 게다가 손으로 거칠게 그린 스케치 선에는 모호함이 있어 개념적 사고*conceptual thinking*에도 적합하다.

이처럼 시각적인 방식으로 문제를 표현하는 것은 디자인 씽킹 툴킷에 포함된 기본적인 전략으로, 가능성 있는 솔루션을 위한 아이디어들을 검토하는 색다른 방법이 되기도 한다. 문제의 구성 요소들을 펼쳐 놓는 연습을 하는 것, 즉 문제의 시각적인 묘사와 정리는, 반드시 알아야 하는 실제적인 이슈들에 익숙해지도록 해주고, 이전에는 고려하지도 상상하지도 못했던 가능성 있는 관계와 연관성, 새로운 방안 등을 시사해 줄 것이다.

심사숙고하기

아마도 디자인 씽킹을 촉진하고 모델링함에 있어 가장 간과되었지만, 가장 쉽게 이용할 수 있는 수단 중 하나는 반려견일 것이다. 특히 재택근무를 하는 사람들에겐 더욱 그러하다. 이는 건축 전문 작가 마이클 타디프*Michael Tardif*가 내놓은 탁월한 제안이다. 반려견은 긴장을 풀고 휴식을 취하는 창조적 정지의 시간과 생각을 위해 꼭 필요한 시간적 여유를 보장해 줄 것이다. 이 시간이 어쩌면 유레카의 순간을 위한 장이 되어줄 수도 있다. 하나의 문제에 매달리는 동안 모든 관련된 정보를 검토한 후, 또 실질적이고 중요한 결정을 내리기에 앞서 그 문제가 무르익을 수 있도록 잠시 내려놓도록 해보자.

집중적인 작업 후에는 창조적 휴지기를 가져야 한다고 믿고, 반려견과 함께 산책을 하라. 자신의 반려견에게 말을 걸고 눈이 휘둥그레져서 고개를 까딱 기울이고 우리에게 주는 그 반려견의 호기심 어린 시선을 맞이해 보자. 여러 가지 다른 아이디어와 접근법도 있을 수 있으니 고려해 보라. 이런 생각을 당신에게 무조건적 충성을 다하는 그 복슬복슬한 친구에게 말로 표현해 볼 수도 있을 것이다.

개를 산책시키는 것을 창조적 정지를 위한 기회, 긴장을 풀고 휴식을 취하는 기회로 여겨 보자 (그림 3.3 참조). 그리고 스마트폰은 반드시 집에 두고 나가라. 방해하는 것이 없도록 해야 한다.

"뭔가 꽉 막힌 것 같을 때는… 한발 물러나서 거리를 두었다가 다시 시도해 보라. 휴식할 때도 우리의 머리는 계속해서 정보를 처리하지만 결정은 바로 내리지 않고 정보를 하룻밤 미뤄두도록 하라."
아이디어가 고루 퍼질 시간을 확보하는 것이다. 반려견이 없다고 할 지라도 지금까지 모은 모든 정보에 대해, 문제를 풀기 위해 했던 실패한 시도들에 대해, 그리고 새로운 관점을 얻기 위한 더 큰 질문들에 대해 고민할 수 있는 생각의 시간에 투자하라.

당신이 하는 일이 교착 상태에 빠져 더 진전이 안 되고 있다면 다른 관점에서 접근해 보면서 나중에 다시 그 문제로 돌아가면 된다. 심사숙고는 당신이 더욱 올바른 사고를 할 수 있도록 해 줄 것이다. 해당 이슈만 따로 분리해 보라. 추가적인 조사를 하라. 그래서 그 문제에 대한 더 많은 정보를 파악하라. 우리가 사용 중인 매체(즉, 필기, 애플리케이션, 노트, 칠판 등)를 바꾸어 보라. 일상의 규칙을 바꾸어 보라. 즉, 더 늦게 일하거나 더 빨리 시작해 보라. 환경에 변화를 주도록 하라. 카페에 가거나 도서관에 가 보도록 하라. 통찰력은 샤워하는 동안에도 번쩍 떠오를 수 있다. 큰 아이디어를 찾으려고 노력하기보다는 작은 아이디어에 집중하라.

그림 3.3 반려견은 긴장을 풀고 휴식을 취하는 창조적 정지의 시간, 생각을 위해 반드시 필요한 시간을 보내도록 도와줄 것이다. 이 시간이 어쩌면 유레카의 순간을 위한 장을 마련해줄 수도 있다.

여가 또는 반려동물과 함께 보내는 시간의 가치를 과소평가하지 말아야 한다. 때때로 관련이 없는 일에 집중하면서 그 문제에 대해서는 생각하지 않는 것이 나중에 통찰력을 줄 수도 있다. 모든 것이 돈으로 고려될 필요는 없다는 사실을 인정하도록 하라. 심사숙고를 위한 시간은 모든 정보를 이해하는 데 있어, 그리고 중요한 통찰력을 파악하는 데 있어 매우 중요하다. 반려견을 위한 시간은 당면한 문제는 물론이고 삶에 긍정적인 태도를 가지는 데도 매우 중요하다.

> 심사숙고를 위한 시간은 모든 정보를 이해하는 데 있어, 그리고 중요한 통찰력을 파악하는 데 있어 매우 중요하다.

프레젠테이션

프로토타입이나 솔루션 또는 대안적인 계획을 이해관계자들에게 프레젠테이션하는 것은 디자인 씽킹 프로세스에서 중요한 단계다. 아무리 대단한 계획이라고 해도 이해 관계자들이 이를 대단하다고 인식하지 못할 경우에는 빛을 보지도 못하고 사라진다. 따라서 디자인 씽커들은 이해 관계자들을 논의에 참여시켜야 하는 것이 마땅하다. 이러한 논의에는 다음과 같은 내용이 담긴다.

(1) 문제와 주변 이슈들에 관한 철저한 이해
(2) 해당 문제와 잠재적인 솔루션에 의해 영향을 받을 사람들에 대한 설명
(3) 솔루션과 이 솔루션이 얼마나 해당 문제를 잘 다루는가에 대한 설명

아마도, 이해 관계자들이 모든 단계마다 참여한다면 그 솔루션이 어떻게 만들어졌는지에 대한 미스터리는 거의 없을 것이다. 참여가 어렵다면, 시작한 이래로 해당 문제가 어떻게 다루어졌는지를

보여주는 과정 중 일부를 공개하면서 아이디어가 어떻게 전개되었고, 최종 솔루션에 어떤 영향을 미쳤는지 설명해 주는 것이 좋다. 주요 디자인 결정의 타당성을 보여주고 이러한 결정들이 어떤 식으로든 설명이 되도록 분명하게 밝혀야 한다. (즉, 독단적으로 해서는 안 된다.) 아이디어를 테스트하고 일을 진척시키는 데 사용했던 초기 프로토타입을 보여주면서 이해 관계자들의 조언이 어떻게 작업에 반영되었는지를 증명해 보이도록 하라.

최고 경영 컨설팅 전문 서비스 기업 중 하나를 설립한 웰드 콕스*Weld Coxe*에 따르면 효과적인 프레젠테이션의 목표는 신선한 아이디어를 보여주고, 그것에 근거하여 행동하도록 만드는 것이다. 여기에서는 영업력도 작동하기 시작한다. 콕스는 다음과 같이 말한다. "어떤 테크닉을 사용할 것인지는 아이디어의 본질과 상대하는 청중에 따라 상당히 다양할 것이다." 웰드의 주장에 대한 논리적인 결론은 프레젠테이션을 디자인 문제로 생각하는 것이다. 솔루션에 대한 프레젠테이션은 어떻게 그리고 누구에게 맞추어 조정해야 최적의 솔루션으로 받아들여지겠는가?

또 하나의 유용한 관점은 협상 기술의 적용을 그 업무에 대한 생산적인 대화를 위한 도구로 보는 것이다. 탁월한 협상 기술은 디자인 대안들에 대해 이해 관계자들을 교육하고 설득하는 것과 관련이 있을 수 있다. 특히 주목할 만한 것은 로저 피셔*Roger Fisher*와 윌리엄 유리*Willam Ury*의 협상에 관한 고전이라 할 수 있는 《Yes를 이끌어내는 협상법*Getting to Yes*》에서 제안된 "원칙화된 협상*principled negotiation*"에 관한 아이디어다. 이 책에서 이들은 이슈는 그 자체의 장단점으로 결정되어야 한다고 권한다. 여기서 중요한 핵심은 모든 사람이 이론적으로 같은 목표를 공유하며 같은 팀에 속해야 한다는 점을 인식하는 것이다. 이렇게 되면 "협상"은 이겨서 얻어야 하는 것이 아니라 최상의 솔루션을 만들어내기 위한 상호 이해와 깨달음으로 비칠 수 있다.

프레젠테이션을 위한 조언

아래는 이해 관계자들과의 건설적인 대화와 효과적인 커뮤니케이션을 위한 몇 가지 필수적인 전략이다.

자신감을 보여주도록 하라. 이는 우리가 말하는 것에 대해 알고 있을 때는 확실히 쉬운 일이다. 그리고 일에 열정을 가지고 꾸미지 않은 진정한 열정을 표현해야 한다는 점을 유념하도록 하라. 초반에 느끼는 초조함을 흥분으로 치환해 보자. 활기를 띠고 열정적으로 행동하라. 그리고 경험을 즐기도록 하라.

청중을 "사로잡도록" 하라. 솔루션에 대해 전체를 아우르는 아이디어를 미끼로 사용해야 한다. 설득력 있게 주장하라. 어떤 초점을 중심으로 전체적인 프레젠테이션을 구성하고 다른 관련된 요점들을 통해 이 초점을 지지하도록 해야 한다. 설득력을 가진다는 것은 보통 제대로 연구된 아이디어를 분명히 드러내는 것과 마찬가지다. 청중을 참여시키는 것은 청중의 관심을 사로잡는 것만큼이나 중요하며, 대화는 참여를 유도하고 일을 진전시키는 훌륭한 방법이 될 수 있다.

분명하게 말하고 전문 용어의 사용은 자제하라.
과장된 혹은 반대로 단순화된 강의를 통해 사람들을 가르치려 들지 마라. 질문을 독려하고 얼마나 세부적으로 답할 것인지는 질문에 비례하여 정하도록 하라. 프레젠테이션은 반드시 간결하게 하라. 어떤 사람들의 주의 집중 시간은 지극히 짧을 수도 있다는 사실을 인지해야 한다. 후속 질문들이 있을 경우엔 언제나 더 상세히 설명할 수 있는 시간이 주어진다. 생각을 확고히 하는 시간을 가지고 프레젠테이션을 준비하라.

기본적인 것에 주의하도록 하라. 스피치를 할 때는 모든 사람이 흥미를 가질 수 있도록 억양과 음량을 조절하도록 하고 웅얼거리거나 단조롭게 말하지 않도록 조심해야 한다. 청중들과 시선을 맞추는 것이 얼마나 중요한지는 두말할 필요도 없을 것이다. 그리고 한 자리에 머물지 말고 돌아다니도록 하라. 단상에서 내려와 성큼성큼 걸어가는 것을 부끄럽게 여기지 말고 사람들에게 가까이, 개인적으로 다가가도록 노력하라.

그래픽 프레젠테이션을 위한 조언

어떻게 하면 우리의 계획을 이해 관계자들이 이해할 수 있고 흥미롭게 받아들일 수 있는 방식으로—그래픽으로나 구두로나 모두—표현할 것인지 항상 생각하도록 하라. 좋은 솔루션도 전문가급의 프레젠테이션으로 준비하는 데 충분한 주의를 기울이지 않는다면 나쁘게 보일 수 있다는 점을 깨달아야 한다.

- 먼저, 해가 되는 것은 하지 마라. 굉장히 멋진 테크놀로지와 양식, 프레젠테이션 효과, 번드르르한 슬라이드 쇼 프로그램 등을 모두 우리 마음대로 사용할 수 있는 수준이 될 때 이러한 포맷에 내용이 가려져 빛을 잃기 쉽다. 그러므로 기본적인 원칙은 이러해야 한다. 프레젠테이션 방식에 사람들의 주의가 몰려서는 절대 안 된다. 어떤 매체를 선택했든 이는 내용을 지지하는 것이어야지 주의를 돌리는 것이 되어서는 안 된다.
- 그림이나 도표에 주석을 달아라. 설명은 그래픽을 보완하고 더 큰 이해를 돕는다. 이 점은 앞에서도 언급했는데, 너무나도 중요한데도 자주 간과되므로 한 번 더 강조할 가치가 있다.
- 초점을 만들어라. 구두 프레젠테이션에도 청중

을 끌어당기는 핵심이 있어야 하듯 각각의 그래픽 요소에도 중심 초점이 있어야 한다. 초점은 그래픽 해석을 더욱 쉽고 흥미롭게 만들어주고 무엇이 가장 중요한지를 가리켜 보여준다. 이러한 그래픽 상의 초점은 주변 요소들보다 더 크고 굵게, 더 다양한 색상으로, 더 상세하게 표현할 수 있다. 슬라이드나 그래픽에 오로지 가중치가 동일한 요소들만 사용하는 것을 피하도록 해야 한다. 이러한 그래픽은 말하는 것으로 치면 단조로운 어조로 웅웅거리는 것에 비유될 수 있다.

- 특수 그래픽 효과는 신중하게 사용하라. 예를 들어 약간의 색깔은 적재적소에 적용되면 큰 효과를 발휘할 수 있다. 색깔은 아주 멋진 것이지만 메시지, 즉 메시지의 본질과 독특함을 강화할 때만 멋진 것이다. 제멋대로 사용해서는 안 된다. 전체 색깔을 모두 사용할 필요는 없고

주어진 프레젠테이션을 위해 한두 가지 색깔만 사용하는 것이 가장 효과적이다.

- 요약본을 준비하라. 솔루션을 파는 데 있어 텍스트나 그래픽으로 된 설득력 있는 요약 자료만큼 좋은 것은 없다.

2부

디자인 씽킹의
응용

디자인 씽킹을 채택하거나 각색해서 사용하는 다른 직종이나 산업, 분야 등이 있는가? 디자인 씽킹은 문제를 해결하고, 새로운 계획이나 서비스를 개발하고, 갈등을 화해시키기 위한 혁신적이고 창조적인 접근법을 제시하는가? 왜 디자인 씽킹은 학계와 현업의 모든 분야로부터 그토록 많은 주의를 끌고 있는 것처럼 보이는가? 2부에서는 이러한 질문들을 다양한 예시를 통해 다루며, 디자인 씽킹이 결코 건축이나 전통적인 디자인 영역에만 국한되는 것은 아니라는 점을 보여줄 것이다.

2부에서는 디자인 씽킹을 각자가 하는 일의 구성 요소로 일상적으로 활용하고 있는 현업 전문가들에서부터 디자인 씽킹에 대한 과목을 가르치는 학자들에 이르기까지 다양한 분야에서 습득한 정보와 새로운 연구를 다룰 것이다. 독자들이 더욱 쉽게 식별할 수 있는 현실의 예에서 얻은 일련의 짧은 이야기들은 디자인 씽킹이 어떻게 문제를 해결하고 특히 어렵고 제약투성이인, 그리고 창조성과 혁신을 요구하는 일을 처리하는 데 어떤 도움을 줄 수 있는지를 강조하여 보여줄 것이다. 상당수의 이야기는 직접 진행한 인터뷰에서 직접 뽑은 것이고 나머지는 2차 자료에서 골라낸 것이다.

여러 다른 분야의 지식을 가진 사람들은 디자인 씽킹 방법론을 활용하여 문제를 창조적으로, 그리고 최적으로 해결할 수 있다는 사실은 매우 자명할 것이다. 상투적인 소리지만 '방법은 적용을 할 때만 의미가 있다'는 말에 깃든 정신에 입각하여 앞으로 소개될 짧은 이야기들은 정치, 외교, 리더십, 비즈니스, 건강, 법률, 글쓰기 등과 같은 다양한 분야에 디자인 씽킹이 성공적으로 적용된 사례를 보여줄 것이다. 이러한 적용을 통해 얻을 수 있는 몇몇 교훈들은 이 책을 읽는 독자들이 처한 독특한 상황에서 일반화할 수 있는 것이기를, 그리고 디자인 씽킹을 더 광범위하게 사용하는 것을 격려할 수 있기를 희망한다.

4장.
정치와 사회

디자인 씽킹은 리더십과 관련된 도전들을 다루는 데 활용할 수 있는 중요한 도구가 될 수 있다. 디자인 씽킹은 전체적인 국면을 시각화하고, 관점을 재구성하며, 문제에 대한 혁신적 솔루션의 창출, 세부적인 사항에 관한 관심, 다양하고 복잡한 관심사와 관계의 조율과 조화 등을 촉진한다. 자신의 비전을 성공적으로 공유하면서도 다른 사람들의 통찰력에 진정으로 귀를 기울이는 태도를 함양하는 것이 항상 쉬운 일은 아니지만, 다음 이야기에서 묘사된 것처럼 매우 효과적일 수 있다.

타인의 조언을 창조적으로 해석할 때 마술과 같은 일이 일어나고 이해 관계자들은 자신의 아이디어가 결과에 어떤 영향을 미쳤는지를 보거나 분명하게 이해할 수 있다.

시민 참여 정치의 확대

훌륭한 리더는 모든 사람을 참여시킴으로써 시민 참여 정치를 확대하고 향상하는 모델로 디자인 프로세스를 사용한다.

[디자인 씽킹을 활용하는] 가장 창조적이고 생산적인 방법은 사람들을 [즉, 이해 관계자들을] 과정에 참여시키는 것이다.

-리처드 스웨트

리처드 스웨트Richard Swett는 미국 의회 의원으로 선출되었고 덴마크 주재 미국 대사를 역임하기도 했다.

리처드는 문제의 성공적인 해결을 가져오는, 또는 많은 의미를 지닌 훌륭한 프로젝트로 이어지게 하는 디자인 씽킹의 근본적인 한 측면, 즉 참여를 강조한다. 타인의 조언을 창조적으로 해석할 때 마법과 같은 일이 일어나고 이해 관계자들은 자신의 아이디어가 결과에 어떤 영향을 미쳤는지를 보거나 분명하게 이해할 수 있다. 이럴 때 이해 관계자들은 그 결과에 충분히 투자할 가능성이 더욱 커지고 이는 성공을 위해 매우 중요하다. 창조적인 해석은 이전에 고려되지 않았던 기회의 창을 보여줌으로써 이해 관계자들의 요구사항과 우선순위에도 부합하는 특별한 솔루션을 제공해 줄 것이다.

디자인 씽킹을 활용하는 리더는 비전을 가지고 있고 어떤 방향으로 프로세스를 진행시킬 것인지를 이해하는 사람이지만, 어떤 솔루션이 있을 수 있는가에 있어서 경계를 정하거나 선입견에 의해 얽매이지는 않는다. 디자인 씽킹식 방법은 솔루션을 만드는 데 참여하는 모든 사람이 기여하도록 해주고, 심지어는 이를 독려하기도 하는데, 이렇게 해서 솔루션이 부각될 것이다. 정치적인 환경이나 비즈니스 혹은 다른 조직들은 리더십을 필요로 하기도 하지만 참여 역시 혜택을 가져다줄 가능성이 있다. 그 최종 결과는 분명하게 정의되지는 않지만, 전 과정에 참여하는 과정에서 팀은 솔루션에 이르게 된다. (이와는 매우 다른 관점을 보려면 5장 내용 중 "전략적 테크놀로지 계획 실행하기"를 참조하라. 여기에서는 기대 결과는 공개되어 있지만, 그 결과에 이르는 구성 성분들은 가변적이라고 본다.)

새겨둘 만한 가치가 있는 주의사항 한 가지는, 이런 유형의 리더십에는 자기주장과 존재감이 필요하다는 점이다. 즉, 디자인 바이 커미티design-by-committee라는 환경은 리더가 그 상황에서 대화를 제어할 수 있는 자신감이 없다면 끔찍한 것이 될 수도 있다.

리처드는 처음부터 모든 이해 관계자들이 프로젝트 목표에 대한 공유된 비전을 추구하면서 최상의 솔루션을 향해 함께 일할 것을 제안한다. 디자인 씽킹이 가장 충실하고 순수한 의미로 활용된다면 최종 결과는 때때로 놀라운 것이 될 수 있다. 그러나 그 놀라움이 모든 사람이 생각하는 것보다 더 나은 놀라움이 되는 한 문제가 될 것이 없다.

의회 책임 법안의 작성과 통과

의회가 통과시킨 법을 국민뿐만 아니라 의회도 준수할 것을 요구하는 획기적인 법률이 되었던 의회 책임 법안Congressional Accountability Act을 공동 작성한 이가 바로 리처드다. 나는 리처드에게 이러한 획기적인 법안을 통과시키기 위해 어떻게 포괄적인 참여를 활용할 수 있었는지를 물었다.

의회의 일반적인 절차는 우선 법안을 작성하고, 그 후 공동 지지자를 찾으면 마침내 그 법안이 하원 의원들에게 가게 된다. 거기서 하원 의원들은 자신들의 마음에 들지 않는 것을 바꾸기 위해 수정할 부분을 찾으려고 한다. 리처드는 다음과 같이 제안했다.

이것을 건물을 디자인하는 것처럼 해보면 어떻겠는가? 이 책임 법안에 관심이 있는 다양한 그룹 모두에게 백지 한 장을 돌려서 이것을 어떻게 디자인할 것인지를 말해 달라고 요청해 보자. 그런 다음 각기 다른 디자인을 해석하고 통합하고 종합하면 된다. 우리는 그들이 우리에게 말한 최상의 것을 혼합한 안을 제안할 수 있을 것이다.

멤버들이 모두 같은 시간에 같은 방에서 이 일을 하지는 않는다. 이 아이디어는 그들에게 완전히 새로운 것이어서 아무도 무슨 일이 일어나고 있는지를 제대로 이해하지는 못했다. 그러한 까닭에 놈

오스타인*Norm Orstein*이 한 번은 아래와 같이 말하기도 했다.

잠깐만, 그러니까 당신들은 모든 사람에게 당신의 법안이 어떠해야 한다고 말할 기회를 주고 다시 세 가지 다른 계획을 들고 그들에게 돌아가서 검토하게 한 다음 그들에게 제일 좋아하는 걸 고르게 할 거라고?!

리처드는 이렇게 대답했다. "그게 바로 우리가 하려는 것입니다." 오스타인은 이 조직에서 과거 그 어떤 누구도 이러한 접근법을 취한 적이 없었기에 이 방식이 대단히 흥미롭다고 말했다.

이 법안을 완성하는 데는 3년 하고도 반년이 더 걸렸다. 리처드와 그의 공동 법안 작성자들은 이 법안을 투표에 부치기 위해 하원에 상정하는 데 있어 의회 구성원들이 움직이지 않고 있다며 모두를 협

박해야만 했다. 의원들은 자신이 원하는 것은 무엇이든 할 수 있는 훌륭한 의회 규정 시스템을 가지고 있었다. 그래서 자신들의 행동에는 평범한 국민들에게 적용되는 법이 절대 적용되지 않았기에 책임을 지는 것을 원치 않았다. 리처드와 그의 동료들은 결국 억지로 투표를 하게 만들었고, 상원에서는 97대 3, 하원에서는 거의 433대 3으로 이겼다.

그 법안은 모든 사람의 참여를 끌어냈고, 리처드와 공동 작성자들이 여전히 방향을 제시하면서도 그들이 궁극적으로 이루고자 하는 것에 대한 통제력을 유지할 수 있었기에 압도적인 찬성으로 통과되었다. 이것은 매혹적인 일이었다. 여기서 창조성은 리처드가 어떻게 해서 모든 사람이 그 내용에 투자를 한 것처럼 느끼도록 하면서 중요하고 효과적인 방법으로 그러한 조력을 해석할 수 있었는가에서 발견할 수 있다. (그림 4.1)

그림 4.1 이해 관계자들 스스로 자기가 어떻게 "디자인" 솔루션에 영향을 미쳤는지를 제대로 인식하는 것은 중요하다. 예를 들어, 다음과 같은 식으로 언급할 수 있다. "최종 디자인에서 이렇게 지그재그로 한 것은 초안에 대한 당신의 논평을 직접적으로 반영한 결과입니다."

덴마크 주재 미국 대사관의 관리 구조 정비

코펜하겐 대사관에서 일하는 직원들의 사기는 "바닥을 치고" 있었다. 리처드가 대사관에 부임했을 때 그는 왜 사람들이 행복하지 않은지, 그것도 이토록 멋진 곳인 덴마크에서 그렇게 느끼는지를 이해할 수가 없었다. 당시 내사관에는 16개의 다른 기관이 있었고, 이 모든 기관은 타 기관과 분리된 자신들만의 사일로silo에서 일하고 있었으며, 어떤 누구도 다른 사일로에 속하는 사람들과 이야기를 하지 않았다. 대사관에는 함께 일하고 있는 것으로 추정되는 미국인 250명과 현지 직원들로 이루어진 커뮤니티가 있었지만, 동료가 무엇을 하는지를 이해하거나 심지어는 그들의 동료가 누구인지 알아볼 수 있도록 해주는 연결 고리는 거의 없었다.

이러한 상황에서는 일종의 팀 기반 관리 시스템이 필요하다는 점이 명백했다. 리처드는 대사관 직원들이 함께 일하면서 서로를 아는 것뿐만 아니라, 그들이 직면한 수많은 문제에 더욱 창조적이면서 비용은 더 적게 드는 솔루션을 찾는 협업이 가능한 사람들로 이루어진 팀이 되기를 원했다.

어떤 누구도 팀 기반의 구조를 받아들이고 싶어 하지 않는다는 것을 깨닫는 데는 1년이 걸렸다.

리처드는 자신의 생각을 알리고 여러 가지 프로젝트 관리 기술과 도구 중에서 크리티컬 패스*critical path* 관리법(프로젝트를 최단 시간에 가장 적은 비용으로 완수하기 위한 과정)을 가르쳤다. 그러나 그는 마침내 직원들은 "팀"이라는 용어에 방해를 받고 있다는 것을 깨달았다. 팀이라는 개념은 이 관료 조직에서는 어떤 누구도 공로를 인정받지 못하고 진급을 할 수 없다는 것을 의미하는 절대적인 악이었다. 리처드는 이 이슈에 어떻게 접근해야 할지 이해했다.

리처드는 각각의 팀은 각 기관에서 딱 1명씩 뽑은 6~8명의 사람으로 구성될 것이라고 선언했다. 모든 팀에는 각 기관의 대표자가 있고 이들은 이슈 캠페인이나 외교적 대화와 같은 프로젝트들을 중심으로 선발되었다. 대사관 내의 이 팀들은 건축 회사에서 프로젝트를 중심으로 구성된 팀과 유사하다. 건축 자재를 다루는 건축 회사와는 달리 이들은 정보를 재료로 사용했다. 사무실의 구조를 디자인하는 대신 이들은 일정을 짜고 복잡하게 서로 연결된 외교적 논의의 결과를 평가하기 위해 정보의 구조를 디자인했다.

직원들의 전형적인 반응은 이러했다. "내가 무엇을 하는지 아무것도 모르는 사람들을 왜 한 팀에 모두 집어넣었는가?" 이 질문에 리처드는 아래와 같이 대답했다.

먼지, 여러분은 자기 자신과 그 사람들을 실망시키게 될 것이다. 그들이 여러분의 팀에서 일하는 것과 같은 자격으로 여러분도 다른 팀으로 가서 일하게 될 것이기 때문이다. 즉, 여러분은 그 팀이 하는 모든 것을 살펴볼 객관적인 관찰자가 될 것이다. 특정한 주제에 대해 모든 것을 안다고 생각하는 전문가의 눈을 통해서가 아니라, 세상에 대한 다른 시각을 가지고 있기에 무언가를 조금 다르게 그리고 조금 더 낫게 하는 방법이 있을 것이라고 한발 물러서서 생각하는 관찰자의 눈을 통해서 관찰하게 될 것이다. 여러분의 지휘권으로 이 팀에 방향성과 비전을 제시할 것보다 이 사람들이 하는 말에 귀를 기울이는 것이 좋을 것이다. 왜냐하면 이들의 제안이 우리의 결정을 더욱 향상해줄 것이기 때문이다.

이러한 새로운 접근법을 실행하는 데는 어느 정도의 시간과 훈련이 필요했다. 사기는 훨씬 높이 올라갔다. 모든 사람은 자신들이 도전을 받고 있고, 그들이 이전에 내놓았던 것보다 더 나은, 진정으로 흥미로운 솔루션을 찾을 수 있다는 사실을 깨닫기 시작했기에 일을 즐기고 있었다.

사람들에게 자신의 바람을 확실하게 표현할 기회를 줌으로써 이들에게 권한을 주는 것은 중요하다. 건축가들은 클라이언트마다 정교함의 수준이 다르다는 사실을 알고 있다. 설계에 대한 이해 수준이 낮은 클라이언트일수록 이들을 교육하는 데, 예컨대 왜 공간적 관계가 이러한 특정 방식으로 계획되었는지를 이해시키는 데 더 많은 시간이 들어간다. 이 비유는 대부분의 팀 상황에 적용된다. 먼저 팀의 기본적인 경쟁력 수준을 이해함으로써 이들이 선택할 수 있는 기준선을 확실히 정할 수 있다. 팀에게는 의사 결정을 내리고 그런 후 그러한 결정이 실제로 프로그램에 채택되어 실행되는 것을 볼 수 있는 기회가 주어져야 한다. 이는 그 프로그램에 주인 의식을 갖게 하거나 "땀의 결과"에 상당하는 것을 보여준다.

많은 관리자가 팀에게 권한을 부여하면서도 어떻게 여전히 조직에 대한 장악력을 유지할 수 있는지를 이해하지 못하기에 겁을 먹는다. 그러나 이는 상당 부분 디자인 씽킹을 통해 형성되는 학습된 기술이다.

클라이언트와 이해 관계자들의 존재는 건축이

예술과 다른 이유가 되고, 건축가를 훌륭한 직업 중 하나로 만들어 주는 요소가 된다. 예술가들은 훌륭한 조각품을 만들지만 표면적으로 이 일은 아티스트 자신에 관한 문제일 뿐이다. 반면 건축가 클라이언트의 요구에 대응하면서도 클라이언트와 커뮤니티를 위해 자신의 표현물에 특별한 심미적인 요소를 담아낸 훌륭한 건물 디자인을 창조하는 사람이다.

리처드의 관찰을 통해 알 수 있는 것은, 최상의 솔루션에 이르기 위해서 디자인 씽킹은 개개인의 일방적인 비전에 한정되어서는 안 되며, 어느 정도 이상적인 의미에서 절충을 하는 (혹은 작업을 더 향상하기 위해 다시 디자인을 하는) 기술을 요구하며, 이해 관계자들과의 의미 있는 상호 관계를 구축한다는 사실이다.

정체된 토론의 관리

카멜 시티를 대표하는 나의 임무를 매일 수행하면서 나는 디자인 씽킹이 정체된 토론에 변화를 가져다줄 수 있음을 직접 경험해 왔다.

-빅토리아 비치

빅토리아 비치Victoria Beach는 캘리포니아에 있는 카멜 시티Carmel City 시의회의 의원으로 1년간 부시장으로 일한 기간을 포함하여 지난 4년간 의회에서 재직해 왔다. 다음 두 가지 이야기는 디자인 씽킹이 정체된 토론을 관리하는 데 어떤 변화를 가져다줄 수 있는지, 그리고 디자인 씽킹이 그녀가 정치 무대에서 어느 정도 위험한 문제들을 해결하는 데 어떤 도움이 되었는지를 실제로 보여주는 이야기들이다.

정치에 있어 너무나 일반적인 현실은 이해 관

계자들이 어떠한 입장이든 자기 입장을 고수해야 하는 "우리 대 그들"의 시나리오다. 빅토리아가 이해한 것 중 하나는 이러한 갈등, 즉 종종 헛고생에 지나는 않는 이런 갈등은 다른 사람들이 우리의 관점을 받아들이도록 설득하는 것에 관한 문제가 아니라는 점이었다. 오히려 이전에는 상상하지 못했던 새로운 계획을 만들거나 식별하고 이에 집중하기 위해 디자인 씽킹을 적용하는 데 전략이 맞추어져야 한다. 이렇게 할 때 갈등은 발전을 위한 기회가 될 수도 있다.

이러한 접근법은 처음의 입장이 항상 손도 댈 수 없는 귀한 것이 아닐 수도 있으며 하나의 문제에는 다양한 솔루션이 있다는 사실을 깨닫는, 어느 정도 차분하고 성숙한 태도를 요구한다. 어떠한 것도 프로젝트를 위해 또는 어떤 이슈를 지지하기 위해 절대 바꿀 수 없거나 보강할 수 없을 정도로 그렇게 특별하거나 훌륭하지는 않다. 하나의 정답만 있는 수학과는 달리, (건축 디자인과 마찬가지로) 정치에서는 효과가 있는 다수의 대안이 있을 수 있다. 디자인 씽킹은 최적의 대안을 만드는 데 도움을 줄 수 있다. 따라서 잠시 논쟁을 미루고 다른 방식으로 문제를 표현해 보라.

현재 정치 환경의 변덕스러움을 고려해 볼 때 빅토리아는 "디자인 씽킹은 우리 사회의 사치품이 아니라 필수품"이라고 주장한다.

플란더스 맨션:
이전에는 상상하지 못했던 대안을 창조하기

캘리포니아주에 있는 카멜은 너무나 아름다운 해변과 사이프러스 나무가 그늘을 드리운 절벽이 있는, 그림 같은 작은 마을이다. 줄줄이 늘어서 있는 예스러운 가게들 뒤로는 하나같이 푸른 숲속에 있는 작은 시골집들이 격자 모양으로 자리 잡고 있다. 이곳은 예술가들을 위한 커뮤니티와 학자들을 위한 마을로 백 년 전에 개발된 비현실적으로 이상적인 도시다.

카멜에 있는 가장 큰 공원 내에 위치한, 역사적으로 중요한 빈집인 플란더스 맨션*Flanders Mansion*은 오랫동안 그 활용 방안에 있어 열띤 논쟁의 중심에서 있었다. 수백만 달러의 돈이 들어간 소송과 환경 영향 평가, 심지어는 투표로 부쳐지기까지 이슈의 중심이었던 것이다.

이슈는 그 저택을 팔아 시를 위한 재원을 만들자는 시의회의 주장과 공공 기능을 위해 저택을 보존하자는 주장 사이의 갈등이었다. 그러나 이보다 훨씬 복잡한 문제가 있었다. 안타깝게도 이 저택이 공원 끝에 위치하지 않았기에 이 저택만 별개의 것으로 공원에서 잘라낼 수가 없었다. 이 저택을 팔려면 그 건물에 이르는 길(사람들이 들어가지 못하도록 쳐놓은 펜스를 두른 길)의 사용권을 소유주에게 제공해야 했다. 그러나 이는 공원의 흐름을 확실히 방해할 것이었다. 많은 주민들이 이 아이디어에 격렬하게 반대하면서 평화롭고 작은 마을이 분열되고 악다구니와 독설이 오가는 끔찍한 상황이 벌어지게 되었다.

투표를 통한 명백한 승리자(판매를 찬성하는 사람들)가 있었으나 강경한 소수는 여전히 "공원에 그런 짓을 할 수는 없다."라고 항변했다. 시의회의 입장은 투표로 인해 법원이 매각을 요구하면 의회의 어느 누구도 법을 위반하지는 못한다는 것이었다.

그러나 캘리포니아에서는 매우 힘든 주 정부 환경 영향 평가가 실시되어야 하므로 지방 자치 당국이 함부로 공원부지를 처분해 버릴 수는 없다. 이 경우 야생 동물의 이동 경로가 잠재적인 위험이 되었다. 저택이 판매된다면 새로운 소유주는 토종 동물들을 보호하기 위해 연간 단위로 "과학적인" 규정 준수에 대한 책임을 감당해야 했다.

투표는 이 저택의 판매를 통해 시의 재원이 얼

마나 좋아질 것인가에 대한 예상에 바탕을 두고 이루어진 것이 아니었다. 부동산 업자들은 일반적으로 호가를 정하기 위해 비교 대상을 사용한다. 도마뱀과 박쥐들의 보존을 위한 요건, 울타리와 접근 이슈, 지속적인 공공 분쟁 등을 책임져야 하는 플란더스 맨션과 같은 장소에 대해서는 "비교" 대상이 없었다.

근본적으로 소유주는 그곳에 사는 동안 공원 경비원이나 환경 생물학자의 역할을 해야 했다. 이는 연간 수백 달러가 드는 일이었는데 게다가 그 소유주가 공원 차도를 이용할 때마다 항의를 퍼붓는 적대적인 주민들이 있을 가능성은 말할 것도 없었다. 다시 말해 이는 수백만 달러짜리 매각이 반드시 성공하리라 볼 수 없는 상황이었다.

이러한 시기에 빅토리아는 공원부지 관리에 사용되는 시의 품목별 예산을 검토했다. 플란더스 맨션은 총예산 중 1퍼센트도 안 되는 적은 수준이었다. 따라서 이는 시의 골칫거리도 아니었다.

또 한 가지 주목할 것은 그 구조물은 역사 명부에 올라져 있다는 사실이었다. 이 사실은 철거라는 옵션을 배제시켰다. 이 맨션의 특이한 구조는 전적으로 콘크리트로 만들어졌기 때문에 관리 비용은 핵심적 요소가 아니었다. 창문에 금이 가지는 않았는지, 박쥐가 끽끽 소리를 내며 다니고 있지는 않은지 등을 살피는 주기적인 점검 외에는 관리라고 할 것이 특별히 없었다.

요약하자면, A라는 세력은 "공원을 파괴하거나 가치를 떨어뜨려서는 안 된다. 큰 덩어리를 잘라 없앤다면 큰 흉터가 남을 것이다. 저택을 파는 것은 공원의 흐름과 흥미 거리를 방해할 것이다."라고 말했다. B세력은 "우리는 재정을 위해 돈이 필요하다. 매년 우리 시의 예산을 소모하는 그 저택에 돈을 낭비해서는 안 된다. 누가 재정 건전성이 필요하다는 주장에 반박할 수 있는가?"라고 주장했다. 이는 다루기가 쉽지 않은 문제였다.

의회가 소집되었을 때 빅토리아는 그동안의 조사 결과와, 저택 관리 업무를 담당했던 사람들과 과거 공원 관리자들을 포함한 전문가들에게 받은 자문의 결과로 새롭게 드러난 사실을 나열했다. 이전에는 논의되지 않았던 이 공개된 사실에는 상대적으로 잘 유지되고 있었던 건물 상태와 이를 유지하는 데 드는 비용이 얼마 되지 않는다는 것과 비교 대상을 정하기 어렵다는 이슈와 만약 매각할 경우 새로운 소유주에게 요구되는 환경 관련 요구사항 등이 포함되었다.

이러한 사실들을 공개하고 10분이 지난 후 빅토리아는 새로운 솔루션을 제안했다. 즉, 플란더스 맨션을 일단 보류하고 공원의 장식물로 생각하자는 것이었다. 다시 말해, 기본적으로 아무것도 하지 말고 이에 대해 토론하는 것도 멈추자는 것이다. (토론을 하는 데만도 다른 것에 더 건설적으로 사용될 수 있는 시 예산이 드는 일이었다) 모든 사람이 자신의 입

장을 너무나도 확고히 주장했기에 이 옵션은 상상
도 하지 못한 것이었다.

> 성숙한 디자이너는 항상 다른 것을 시도할 준비가 되어 있
> 으며 정보를 두려워하지 않으며, 자신이 다른 아이디어를
> 가지고 있지 않다는 점을 두려워하지도 않는다.

　정치 무대에서 사람들은 일반적으로-당파심과
비슷하게-어떤 이슈들에 대해 그들이 고수해야 할
편을 든다. 그러나 그것은 생각에 불과하다. 최고
의 솔루션은 편을 나누지 않고 갈등도 일으키지 않
는다. 플란더스 맨션의 이야기는, 수십 년 동안 어
떤 누구도 갈등을 야기하지 않는 솔루션을 찾지 않
았기에 수백만 달러를 낭비하며 이웃끼리 대립하게
만들었던 문제의 대안적 솔루션을 찾기 위해 개인
이 나서서 디자인 씽킹을 활용한 하나의 사례다.
　빅토리아는 이 이야기를 분석하며 자신을 가르

친 스승 중 한 사람에게 다음과 같이 자신의 말을 바꾸어 표현했다.

성숙한 디자이너는 항상 다른 것을 시도할 준비가 되어 있으며 정보를 두려워하지 않으며, 자신이 또 다른 아이디어를 가지고 있지 않다는 점도 두려워하지 않는다. 아무것도 채우지 못한 백지, 무슨 말을 해야 하는가와 같은 질문, '어쩌면 이를 해결하지 못할 거야'라는 생각 등, 무언가를 만들어내지 못한다는 두려움은 일반적인 것이다. 결실을 얻지 못하는 방향으로 가거나 어떤 아이디어에 대한 효과가 있는지 여부를 알지 못하거나 이를 테스트할 방법이 없을 때는 이 아이디어를 폐기하거나 비판하거나 혹은 한편으로 던져 놓는 것을 두려워하지 말고 다른 것도 시도해 보면서 어떤 옵션이 최상일지를 평가하라.

분쟁을 해결하려는 시도를 할 때는 객관적인

태도를 유지해야 하고, 융통성 없이 하나의 입장만을 고수하는 것을 피하기 위한 노력을 하는 것이 매우 중요하다. 불필요한 말일 수도 있다는 것은 알지만 이는 거듭 언급할 가치가 있는 통찰력이다. 빅토리아는 건축 실무에서 가져온 예시를 제공했다.

그림 4.2 공감적 이해는 디자인 씽킹에 있어 근본적인 것이다. 플란더스 맨션 사례가 보여주듯, 문제 해결의 초점은 반드시 한 입장을 격렬하게 옹호하는 데 맞추기보다는 새로운 솔루션을 유도하기 위해 그 입장에 깔린 동기에 맞추어져야 한다.

서로 다투는 양측, 남편과 아내로 비유할 수 있는 클라이언트가 있다고 하자. 나는 언제나 그들이 나에게 상세한 이야기를 들려주고 이슈를 설명해 주기만 한다면 그 둘 모두가 좋아할 수 있는 무언가를 찾을 수 있을 것이라고 생각한다. 그들이 그 갈등의 기저에 깔린 것을 파악하는 데 도움을 준다면, 예를 들어, 한 사람이 설거지할 때 다른 한 사람은 반드시 남쪽을 향해 서야 하는데, 그가 남쪽을 향해 서는 것을 원치 않는다고 한다면 합리적으로 방식으로 싱크대를 배치하는 방법을 생각할 것이다. 그들의 동기 이면의 생각을 이해할 수만 있다면 말이다.

플란더스 맨션과 마찬가지로 초점은 우리가 무엇 때문에 싸우고 있는지에 맞출 것이 아니라 각자의 입장에 깔린 근본적인 동기나 구조에 맞추어야 하지 않겠는가? 이렇게 하면 생각하는 방식을 달리하도록 유도할 수 있을 것이다.

원하는 결과를 얻기 위해 절차에 집중하기

위의 이야기에서 빅토리아는, 성공하지 못할 가능성이 커 보이는 전술인 안건 자체를 지지하는 입장을 취하기보다는 절차적 이슈에 창조적으로 접근함으로써 어떻게 교통 위원회 회의에서 그 안건(2,000만 달러 예산의 오솔길 프로젝트)을 통과시킬 수 있었는지를 보여준다.

그 지방 자치 당국은 다양한 프로젝트에 대한 자금 확보에 필요한 판매세 인상을 공표하기 위해 이날 미팅에서 교통 예산을 최종 마무리해야 했다. 2,000만 달러 예산의 오솔길 프로젝트 역시 위태로웠다. 이 큰 위원회 미팅을 위해 회의석에 둘러앉은 빅토리아를 비롯한 선출직 공무원들은 그 오솔길 프로젝트에 자금을 지원해야 할지 말지를 두고 토론을 벌였다. 어떤 사람들은 찬성했고 어떤 사람들은 반대했다. 또 하나의 다른 프로젝트, 즉 도로 개선에 대한 논쟁도 있었다. 이 두 안건 모두, 즉 오솔길과 도로 안건은 모두 불확실한 상태에 있었다.

십여 개 그룹의 멤버들은 여러 다양한 이슈를 다루며 유창하게 그 오솔길 프로젝트를 찬성하는 발언을 했다. 빅토리아가 볼 때 이 그룹들의 프레젠테이션은 중립적인 입장의 위원들에게는 확실히 설득력이 있었지만 모두에게 그런 것은 아니었다. 지지자들의 주장은 상당히 전략적이었는데, 예를 들어 "여러분이 이 프로젝트를 좋아하지 않는다고 하더라도 대중은 좋아하게 될 것이고 따라서 이것이 여러분의 판매세 인상 안건 통과에 영향을 미칠 것이다."라는 전략이었다. 이 프로젝트에 별 신경을 쓰지 않았거나 반대했던 사람들도 이러한 식의 접근 방식이 먹힐 것이라 믿게 되었기에 이는 효과가 있는 주장이었다.

그러나 이 오솔길 프로젝트에 대한 논쟁이 있었어도 예산을 짜는 실권을 쥔 위원회 멤버 중에는 여전히 이 논쟁에서 확실하게 이기고자 하는 사람들이 있었다. 이들은 기본적으로 그 프로젝트 중 특정 요소를 통과시키는 것을 제청하지만 세부 사항에 대한 논의는 연기하자는 제안을 했다. 한발 더 나아가 이들은 오솔길과 도로 개선이라는 논란이 많은 두 프로젝트를 어떻게 다룰 것인지를 정확하게 파악하기 위해 분과 위원회를 구성할 것을 제안했다.

빅토리아가 오랫동안 이와 유사한 다른 오솔길 프로젝트를 위해 씨름해왔고, 특이 이 프로젝트를 강력하게 지지한다는 사실이 잘 알려져 있었음에도 그녀는 논쟁에 끼어들고자 하는 유혹을 물리치고 미팅이 거의 끝날 때까지 침묵을 지켰다. 그러자 빅토리아가 기회를 포착할 순간이 왔고 다음과 같이 대응했다.

또 하나의 분과 위원회를 구성하는 것은 피할 수 있으면 피하도록 합시다. 이는 지연을 야기하고 우리가 판매세 인상안을 유권자들에게 공표하는 것을 못하도록 할 수 있기 때문입니다. 저는 이 2,000만 달러 프로젝트를 추진하기 위해서는 많은 동의가 필요하다고 생각합니다. 따라서 저는 조심스럽게 이렇게 수정하는 제안을 할까 합니다. 이 오솔길 프로젝트를 수용하고 결의가 힘들어 보이는 이 도로 개선 프로젝트에 대한 아이템들은 추가적으로 협상을 하는 것입니다. 오늘 회의 초반부에는 다른 프로젝트들에 대한 현실적인 협상이 많이 있었습니다. 이해 관계자들만 있는 이 자리에서 이 마지막 안건에도 같은 프로세스를 적용하는 것이 어떻겠습니까? 그렇게 한다면 이 마지막 프로젝트에 해결해야 할 몇 가지 세부적인 미결 사항들은 남아 있다 하더라도 채택이 완료된 예산안을 가지고 이 방을 나갈 수 있습니다.

이 조심스러운 수정안은 거의 만장일치로 지지

를 받았으며, 빅토리아가 지지했던 2,000만 달러 오솔길 프로젝트는 승인되었다.

　빅토리아의 행동은 그녀가 그 오솔길 프로젝트를 찬성하는지 아닌지와는 무관한 전술적인 작전이었다. 그것은 얼핏 보기에는 전혀 관련이 없는 작전이었기에 이 프로젝트를 옹호하는 그룹에게는 이 제안이 그들에게 도움이 되는 것으로 여겨지지 않았다. 이 그룹들에 속한 멤버들은 빅토리아가 그들을 버리고 대의를 지지하지 않고 있다고 느끼면서 혼란스러워하기도 하고 동시에 화를 내기도 했다. 사실 빅토리아는 오솔길 프로젝트가 자금 지원을 받을 때까지 그 회의실을 떠날 의도가 전혀 없었다. 성공은 빅토리아가 그처럼 친절한 수정안을 제시한 마지막 5분 동안에 달성되었다. 이 프로젝트는 이렇게 하지 않았다면 그야말로 진전되지 못했을 것이다.

　판매세 통과를 위한 투표는 그 프로젝트의 승

인을 궁극적으로 이끌어낸 수단으로 사용되었다. 이 사례에서 디자인 씽킹은 정치인들이 한 걸음 뒤로 물러나 열정적인 옹호자가 아니라 무력한 옹호자가 되는 전략을 펼치는 사고방식을 가질 수 있도록 영향을 주었다. 오히려 이러한 프로세스는 원하는 결과를 얻기 위해 일을 진척시킬 수 있는, 논리적이면서도 매우 차별화되고 효과적인 관점을 찾도록 도움을 주었다.

5장.
비즈니스

디자인 씽킹은 새로운 제품과 테크놀로지를 개발한다는 맥락에서 혁신을 주도하는 중요한 수단으로 인식되어 왔다. 그러나 디자인 씽킹은 사업 실행 모델의 고안, 전문 서비스의 확대, 운영, 그리고 심지어는 수수료 또는 가격 제도 등과 같은 다른 비즈니스 관련 이슈들에도 적용될 수 있다.

기업의 세계에서 디자인 씽킹의 가치와 힘을 보여주는 사례는 책으로도 많이 출판되었지만, 이는 주로 팀, 특히 디자이너와 협업을 하는 매니저들에게 주로 초점을 맞춘 것이었다. 실제로 많은 비즈니스 스쿨의 커리큘럼에는 (전문 코스 외에도) 디자인 씽킹에 대한 선택 과목과 필수 과목이 포함되어 있다. 그러나 여기서 다룰 이야기들은 오너 셰프에서부터 대학 총장에 이르기까지 개인들이 어떻게 디자인 씽킹을 다양한 수준으로 벌어지는 매우 광범위한 범위의 비즈니스 문제들에 적용할 수 있는지를 보여준다.

전략적 테크놀로지 계획 실행하기

내가 하는 일에 있어 내가 너무 즐기는 부분 중 하나는 당면한 도전이나 비즈니스 문제가 무엇이든 나는 솔루션을 개발하는 데 있어 항상 디자인적 접근을 취한다는 점이다. 이 접근법이 지닌 가장 중요한 측면 중 하나는 이 접근법이 별 쓸모 없이 많기만 한 세부 사항들과 싸우고 있을 때조차도 내가 "전체상" 또는 전반적인 시각에 집중할 수 있게 해준다는 점이다. 다른 기업의 소유주나 기업가들과 이야기를 할 때 자주 반복되는 말 중 하나는 처리해야 할 모든 실행적/관리적 세부 사항들, 게다가 우리의 진을 다 빼놓는 자질구레한 것들에 대해 압도당하는 느낌이 있다는 것이다.

나 역시 다른 사람들과 마찬가지로 이런 지독한 날들을 겪지만, 비전을 갖는 것과 모호함을 고도로 잘 참는 것은 (위험을 고도로 잘 참는 것과 같다) 나에게 엄청난 도움이 되었다. 이는 비즈니스를 운영하는 데 있어 지루한 세부 사항들을 더 큰 맥락에 놓고 볼 수 있도록 해주고 그러한 활동들에 의미를 부여한다.

-마이클 타디프

마이클 타디프*Michael Tardif*는 20여 년 동안 건물 디자인과 건축, 운영, 유지 등에 정보 기술을 적용해 왔다. 현재 마이클은 메릴랜드주에 있는 노스 베데스다*North Bethesda*에 본사를 둔 빌딩 인포매틱스 그룹*Building Informatics Group*을 이끌고 있다.

조각 퍼즐과 같은 전략 계획

마이클은 건설 회사에서 사용하는 빌딩 정보 모델링*Building Information Modeling* 소프트웨어를 실행할 수 있는, 항목별로 구분된 작업들과 단계별 일정이 완비된 전략 기술 계획을 개발하고, 그 계획의 실행을 "추진"시킬 것을 요청받았다. 그는 3개월간 비즈니스 운영을 살펴본 다음, 전략 계획을 펴는 일, 즉 전형적인 단계를 밟는 것은 기존 비즈니스 운영에 너무나 급속한 영향을 미치며 파괴적일 수도 있기에 실패하게 되리라는 것을 깨달았다. 대신 마이클은 비전 (또는 디자인 콘셉트), 즉 그 기업이 달성할 일련의 측정 가능한 목표들을 정한 다음, 이러한 목표들을 미리 실행 세부 사항을 정하지 않고 비선형적인 방식으로 기회가 있을 때마다 달성해 나가는 것을 제안했다.

이러한 쉽지 않은 일을 수행하기 위해 마이클은 아주 훌륭한 비유, 즉 "조각 퍼즐과 같은 전략 계획"이라는 비유를 만들어냈다. (그림 5.1 참고) 마이클은 전략 계획의 부분들을 수행하기 위해 여러 다른 프로젝트에서 기회를 찾았다. 다시 말해 (앞의 비유를 적용한다면) 어느 부분이 되었든 그가 맞출 수 있는 조각 퍼즐부터 맞추는 것이다. 이러한 프로세스는 정신이 없고 비선형적이었다. 마이클과 직원들은 정보를 획득하는 대로 종합하고, 비전을 유지하면서도 "디자인 솔루션"에 맞추어 이를 조정해야 했다. 이렇게 조정을 해도 비전은 항상 명확하게 유지되었으며, 전략 계획의 "완전한 그림"은 시간이 지나면서 점차 모습을 드러냈다. 이것이 근본적으로 디자인 씽킹 프로세스다.

이 프로세스가 시작되었을 때 마이클은 그 최

종 결과가 어떤 모습을 띠게 될지 개념적으로는 알았지만, 그들이 어떻게 그 결과에 도달할 수 있을지는 전혀 알지 못했다. 이들이 시작하기 전에 모든 세부 요소들을 갖추기까지 기다렸다면 시작조차 하지 못했을 것이다. 그리고 이러한 세부 사항들은 틀렸을 수도 있고 이들이 달성하려고 하는 전반적인 비전에서 주의를 돌릴 수도 있기에 이들은 실패했을 수 있다.

이 퍼즐 비유는 마이클이 감히 바랄 수 있었던 것보다 더 유용한 것으로 판명되었다. 전략 계획에 관한 대화는 "저건 어디에 맞출 조각인가?"라는 질문을 중심으로 돌아간다. 가장 중요하게는 어느 시점에서든 그 어떤 누구도 그 그림이 불완전하다는 것을 신경 쓰지 않았다. 직원들은 완전한 그림을 향해 나아가고 있다는 사실과 어떻게 거기에 도달하고 있는지를 이해했다. 마이클은 이러한 전략 기획을 조각 퍼즐이라는 말 대신 디자인 프로세스로 부를 수도 있었겠지만, 그랬다면 이 비유는 디자이너가 아닌 사람들은 아무도 이해하지 못했을 것이다.

그림 5.1 조각 퍼즐과 같은 전략 계획. 그림을 완성하기 위해 적절히, 비선형적인 방식으로 조각을 맞추어 보라.

건물 인도 시점에 하는 전자 정보 교환의 재해석

여기서는 마이클의 새로운 비즈니스적 모험에 관해 설명한다. 마이클은 이 문제를 연구하는 데서 시작해서 솔루션을 디자인하기 시작했다. 모든 디자인 문제에는 제약이 있다. 모든 디자인 솔루션의 성공은 우리가 그러한 제약들을 얼마나 창조적으로 다루는지에 의해 측정될 수 있다. 디자인 씽킹을 위해서는 이러한 제약들과 가능성 있는 솔루션에 대해 개념적으로 생각하는 것을 기꺼이 받아들여야 하며, 그 각각의 솔루션이 제약들을 어떻게 다루거나 극복하는지를 테스트해야 한다. 이는 어떤 디자인 문제에 관해서도 완벽한 솔루션이란 존재하지 않으며, 요구사항 간의 균형을 맞추고 그러한 제약들이 미치는 부정적인 영향을 완화해주는 적절한 솔루션만이 있을 뿐이라는 점을 인식할 것을 요구한다. 비즈니스 문제를 디자인 문제로 살펴봄으로써 마이클은 다른 사람들과는 다르게 제약들을 볼 수 있었고 그러므로 예전과는 완전히 다른 비즈니스 솔루션을 낳은 통찰력을 발견할 수 있었다.

위의 첫 번째 이야기에서 언급했듯이 마이클이 건설 회사에서 일했을 때 그는 그 회사 사람들이 프로젝트에 유용한 정보인 상세한 데이터 자료집을 만들고 있는 것을 관찰했다. 그러나 이러한 정보를 건물주에게 어떤 식으로든 그들에게 유용한 방식으로 전달할 길이 없었다. 이 문제는 부분적으로는 건축주들이 그것을 요구하지 않는다는 점이다. 이러한 정보가 건축주들에게 유용하게 느껴질 수 있도록 이를 적절하게 조직화하기 위한 노력을 하는 것이 이 문제의 한 가지 제약사항이었다. 또 하나의 제약은, 마이클과 직원들의 상호 교류 대상은 건설에 참여하는 사람들이지 건물을 운영하는 사람들이 아니었기 때문에 건축주들은 자신들이 필요로 하는 것을 설명하지 못하고 있다는 사실이었다.

마이클은 이 시설 관리자들이 건물을 운영하는 데 필요한 정보가 무엇인지를 파악하기 위해 그들과 대화를 해야 했다. 그들에게 중요한 것은 무엇인가? 예를 들어, 시설 관리자들이 반드시 알아야 하는 건물의 어떤 자산에 대한 데이터, 즉 일련번호,

설치 날짜, 주문 날짜 등이 있을 수 있다. 세부 사항이 없는 다른 자산들도 있는데, 따라서 이러한 자산들을 교체할 때는 똑같은 것이 아니라 비슷한 무언가가 될 것이다. 필요한 정보의 유형이 건물주마다 다른 것은 아니지만 건물의 유형이나 비즈니스의 유형에 따라 세부적으로는 다양한 정보가 존재한다.

여러 콘퍼런스에서 마이클은 건물주들이 혁신을 주도해야 한다고 주장하는 발표자들의 이야기를 계속 들었다. 그에게는 다음과 같은 생각이 계속해서 떠올랐다. "건물주들이 혁신을 주도할 것을 어떻게 기대할 수 있겠는가? 그들은 혁신에 대해 아는 것이 없고 그 의미도 모른다. 테크놀로지는 그들이 이용할 수 있도록 고안된 것이 아니다. 인터페이스는 디자인과 건축을 위한 것이지 운영과 관리를 위한 것이 아니다."

오랫동안 마이클이 궁극적으로 확보하려고 했

던 것은 라이프사이클 빌딩 정보 모델로, 이는 건물의 수명 주기 전체에 걸쳐 건물 관계자들끼리 정보를 주고받으며 그 과정에서 업데이트가 되는 것이다. 마이클은 자신의 새로운 모험에 대해 생각하며 건물주들과 이야기를 하는 과정에서 다음과 같은 질문을 떠올리게 되었다. "그 모델을 가지고 무엇을 하실 겁니까?" 대답은 같았고 심오했다. "건드리지도 않고 열어 보지도 않겠죠."

그러자 마이클은 이 모델에서 활용할 수 있는 데이터를 파헤치기 시작했다. 디자이너들에게 건축주로부터 그들이 이 모델에 원하는 것이 무엇인지에 대한 명확한 지침이나 방향성이 주어지지 않았을 때조차도 데이터는 존재했다. 제자리에 있거나 적절한 형식을 갖추지는 못했다 할지라도 존재하긴 했다. 마이클은 건축주들이 그들에게 무엇이 유용할지에 대해 건축가들과 소통하고 있지 않다는 사실을 깨달았다. 정보가 부재한 상황에서 디자이너들은 그것을 대신할 뭔가를 해야 했다. 방에 흔해 빠진 라벨을 붙이는 것이 좋은 예다. 건축주들이 각 공간에 어떻게 이름을 붙이고 숫자를 붙일 것인지 지침을 주지 않는다면 건축가들은 그들이 이해할 수 있는 자신만의 시스템을 사용할 것이다. 만일 건축주가 정보를 제공한다면 건축가들이 여기에 시간을 쓸 필요도 없고 시설 관리자들에게는 엄청나게 유익할 것이다.

모델링에서 각 도구에 어떤 이름이 붙는지 관찰해보라. 이것을 어떻게 활용할 수 있겠는가? 유레카의 순간은 다음과 같이 찾아왔다. 마이클은 중요한 것은 모델이 아니라 정보이며, 그 모델에서 데이터를 캐는 것에 관한 문제라는 것을 깨달았다. 마이클은 데이터를 조직화하고 이를 건축주들에게 유용한 형태로 만들 수 있었다. 건물이 사용되기 시작했는데 시설 관리자들이 전구조차도 교체할 수도 없다면 그들은 자신이 하는 일이 무엇인지도 모른다는 인식을 극복할 수는 없을 것이다. 마이클의 새 비즈니스는 건물 인도 첫날까지 모든 데이터를 건물 관리 시스템에 넣는 것이다.

유레카의 순간과 직감적인 도약

마이클은 종종 문제를 해결하는 과정에서 유레카의 순간을 맞이한다. 위의 첫 번째 예에서 유레카의 순간은 다른 사람들이 이해하고 이들을 한데 모으는 정확한 비유, 즉 조각 퍼즐이었다. 이 비유는 마이클과 그의 회사 모두가 성공적으로 앞으로 나아갈 수 있도록 해 주며 막힌 것을 뚫어 주었다. 두 번째 예에서 유레카의 순간은 일반적인 "준공 빌딩 정보 모델링*BIM* 결과물"과 관련한 문제는 일반적인 건축주의 경우 BIM 결과물을 전혀 필요로 하지 (혹은 신경 쓰지) 않는다는 사실에 있다는 것을 마이클이 깨달은 순간이었다. 건축주가 원하는 것은 BIM에 들어있는 정보(즉, 건축주에게 유용한 방법으로 정보에 접근하는 법)였다. 마이클은 그가 해결하고자 하는 문제가 테크놀로지 문제가 아니라 비즈니스 프로세스와 정보 전달 문제였다는 사실을 깨달았다. 그 후 적절한 솔루션을 위한 요소들이 매우 빠르게 드러났다.

유레카의 순간은 그냥 일어나는 것이 아니다. 우리가 할 수 있는 모든 것은 이러한 순간이 일어날 수 있도록 하는 환경을 (상상과 지각을 통해) 만드는 것이다. 이는 마이클 그레이브스가 했던 유명한 말처럼 모호함에 대한 큰 관용이라는 개념과 같이 불신에 대한 계획적이고 일시적인 유예를 요구한다. 디자인적 제약은 물리적인 세계에서나 존재하지 정신적인 세계에 존재하지는 않는다. 그러므로 특정한 제약사항들이 검토되고 있는 동안 다른 제약사항이 발생하지 않도록 저지된다. (즉 퍼즐 한 조각을 들고 어디에 둘 지를 고민하는 것을 생각해 보라.) 이렇게 하는 것은 문제를 다양한 시각에서 분석할 수 있도록 해준다. 궁극적으로 하나 또는 그 이상의 잠재적으로 실행 가능한 솔루션을 제안하며 그 문제에 대한 관점이 또렷하게 자리 잡는다. 최상의 솔루션이 가려지고 활용될 때까지 가능성이 있는 솔루션들은 제약사항들에 대해 테스트될 수 있다.

디자인 씽킹에 대한 마이클의 분석에 따르면 모든 유형의 문제들을 다룰 때 고려해야 하는 가장 중요한 요소들은 다음과 같다.

- 모든 문제에는 솔루션이 있다는 것을, 즉 완벽한 솔루션은 아니지만 적절한 솔루션이 있다는 것을 인식하는 것(항상 받으면 내어 주어야 하는 것이 있기 마련이다.)
- 어떤 문제를 푸는 데 필요한 모든 정보가 문제에 착수하기 시작할 때 전부 주어지지는 않는다는 것을 인식하는 것
- 최적의 솔루션에 이르는 데 필요한 정보를 모

두 확보하기 전에 솔루션 개발을 시작해야 한
다는 점을 인식하는 것
- 우리의 프로세스는 우리를 한 번 이상 막다른
길로 인도할 수 있고 우리의 초반 가정을 다시
생각해야 할 수 있다는 사실을 인식하는 것

요리에서의 창조성

요리는 체계적이고 위계적인 접근을 요구한다는
측면에서 새로운 음식을 만든다는 것은 반복적인
프로세스다.

-프란체스코 크로센치

프란체스코 크로센치*Francesco Crocenzi*는 시애틀
의 프랭키스*Frankie's*라는 레스토랑의 오너 셰프다.
그는 맞춤 식사를 개발, 구성하고 퍼스널 셰프 서비

스를 제공하며 맞춤 디너 파티에 케이터링 서비스를 제공한다.

프란체스코의 이야기는 요리의 영역에서 디자인 씽킹이 어떻게 활발히 작용하는지를 보여준다. 그는 모든 사람이 이 창조적인 프로세스를 활용하고 응용할 수 있다고 믿는다. 프란체스코는 처음에 예컨대, "맛"과 같은 빅 아이디어 또는 영감으로 시작한다. 그는 이렇게 말한다. "우리의 호기심을 자극하는 재료를 찾고 그런 다음 이 재료와 먹으면 맛있는 것이 무엇일지를 물어보라. 이 구성 요소 간의 관계는 어떠하며 서로 어떻게 영향을 미치는가?"

프란체스코는 강력한 분석 기술을 적용할 것을 제안한다. 재료를 어떻게 손질할 것인가? 불의 세기는 어떻게 할 것인가? 맛, 식감, 양념의 양 등과 같은 요소들을 어떻게 합칠 것인가? 어떤 요소들이 서로 잘 어울리는가? 어떻게 하면 더 맛있게 만들 수 있는가? 분석은 신속해야 하고 무엇을 해야 하는

지를 파악해야 한다.

프란체스코가 클라이언트들을 위해 제공한 요리 서비스의 큰 부분은 주간 식사 계획이었다. 많은 클라이언트들은 반드시 따라야 하는 엄격한 식이 조절과 제약사항을 가지고 있다. 예를 들어 한 클라이언트는 소금을 섭취하면 안 되는데 이는 요리사에게는 크나큰 난관이다. 소금은 서구식 요리에서 너무나 기본적인 것이다. 사람들은 맛을 끌어내기 위해서는 음식에 반드시 간을 해야 한다고 믿는다. 이러한 클라이언트를 위한 숙제는 소금을 사용하지 않고도 음식을 맛있게 만드는 것이다. 이는 분명 허브와 향신료를 가지고 창조성을 발휘해야 하는 영역이다.

전통적으로 먹는 음식을 떠올려 보고 디자인 씽킹을 활용하여 그 음식을 향상해 보라. 여기에는 과거 사례를 찾고, 비전을 갖고, 원래 특징 중 일부는 유지하면서도 다른 차원의 음식으로 발전시키기 위해 반복하는 과정이 수반된다. 프란체스코는 기존 요리법에서 영감을 얻고 이를 새로운 음식으로 변형한다. 아니면 기존 요리법을 토대로 이를 향상하는 방법을 찾는다. 그는 음식에 대한 비전을 갖도록 간절히 요청한다. 음식을 분석하고 해체해 보면서 새로운 재료를 사용할 가능성을 엿보라고 한다. 반복을 통해, 즉 한 가지 방식을 시도해 보고, 테스트하고, 수정하고 다시 이 과정을 반복하면서 음식을 발전시킬 것을 권한다.

프란체스코는 새로운 음식을 만드는 것과 관련된 디자인 씽킹의 가장 결정적인 요소는 관찰과 분석이라고 말한다. 그는 이렇게 말한다. "주방에 들어가면 나는 냄새와 맛으로 요소들을 구분할 수 있다. 요리법을 보면 그 음식이 어떻게 나올지 그려볼 수 있다."

분석은 생각을 일으키는 첫 번째 파동이다. 그런 다음 생각은 창조적인 아이디어로 발전한다. 이

것이 어떤 식으로 전개되는가? 무엇을 바꾸어야 하는가? 옵션은 무엇인가? 이는 도식적이고 1차적 단계다. 그다음으로 디자인 개발의 단계로 넘어가라. 최종 완성 음식에 대한 결론에 도달하기 위한 한 방법으로 몇몇 아이디어를 시도하고 테스트해 보라.

이는 반복적으로 진행되는 부분이다. 프란체스코가 고급스러운 디너 파티를 위한 케이터링 서비스를 한다면 그는 음식들을 만들어 보고 아내, 아이들, 직원들로부터 피드백을 구할 것이다. 프란체스코는 자신이 주관하는 주간 요리 모임을 통해 그의 클라이언트들로부터 음식을 개선하거나 변경하는 데 필요한 피드백을 받을 것이다. 프란체스코는 다음과 같이 주장한다.

당신은 여전히 셰프로서 주관적이다. 당신은 여전히 당신에게 더 나은 솔루션이 있다고 생각할 수도 있지만, 요리란 진정으로 협력을 기반으로 하는 것이다. 모두가 요리를 하는 것은 아니지만 미미한 것이라 해도 그들의 피드백에 귀를 기울여야 한다. 이것이 최상의 솔루션을 찾는 열쇠가 될 수 있다! 나에게는 이것이 디자인 씽킹 프로세스에서 가장 중요한 부분이다. "이건 이렇게 해야 해"와 같은 생각이 머릿속에서 번쩍하고 떠오르게 될 것이고, 그때 우리는 변화를 줄 수 있게 된다.

> 미미한 것이라 해도 사람들의 피드백에 귀를 기울여야 한다. 이것이 최고의 솔루션을 찾는 열쇠가 될 수 있다!

이는 영감을 얻는 순간, 새로운 무언가를 창조하는 과정에서 도약의 순간을 확보하는 한 가지 방법이다.

프란체스코의 말과 일반 통념에 의하면 무언가를 만드는 데 있어 우리가 빠지는 함정 중 하나는 우리는 자신이 하는 일에 정서적으로 매우 애착을 갖게 된다는 점이다. 프란체스코는 다음과 같이 말한다.

음식을 만드는 데는 많은 애정이 들어간다. 우리는 그것이 전적으로 옳은 것이라 생각하지만 누군가 맛을 보고 우리가 전혀 생각하지 못했던, 우리 머릿속에 떠오르지 않았던 피드백을 제공하기도 한다. 비록 순간적으로는 약간 방어적인 느낌을 받을 수도 있지만 셰프로서 이러한 비판을 개인적으로 받아들여서는 안 된다. 생각할 시간을 확보하라. 그런 다음 이 느낌을 흘려보내도록 하라. 그 피드백은 우리의 음식을 훨씬 낫게 개선하는 아주 특별한 것일 수도 있다. 따라서 우리의 비평가들이 실제로 좋은 지적을 했다는 사실을 깨달음을 가지고 처음부터 다시 시작하면서 그들의 제안을 통합하라. 나는 이러한 태도가 좋은 음식

을 만드는 데 있어 절대적으로 중요하다고 생각
한다.

이는 훌륭한 통찰력이다. 우리는 건설적인 비
판에 긍정적으로 대응하기 위해 성숙함과 분별력을
길러야 한다. 비전을 가지고 이를 실행하는 것만으
로는 충분하지 않다. 이해 관계자들의 이야기를 받
아들이는 것이 꼭 필요하다. 의사 결정은 누구의 조
언이나 아이디어가 사용되느냐와 관계없이 프로젝
트의 이익을 위해 또는 문제에 대한 최상의 솔루션
을 위해 내려져야 한다.

비평이라는 면에서 프란체스코는 우리에게 우
리 디자인의 세부적인 사항들에 사로잡히지 말고
그보다는 빅 아이디어를 다시 검토해야 한다는 점
을 상기시킨다. 모든 사람의 조언이나 피드백이 가
장 적합하면서도 건설적으로 작용하기 위해서는 궁
극적으로 그러한 비전과 관련이 있어야 한다.

메뉴를 만들 때 프란체스코는 클라이언트의 집에서 제한된 시간, 약 6시간 정도의 시간만 가질 뿐이다. (그림 5.2) 그는 이 시간 내에 어떻게 요리를 할 것인지를 계산하기 위해 분석적 사고를 사용한다. 그는 우선 상대적으로 복잡한 메인 음식을 정하고 그 음식을 중심으로 나머지 메뉴를 정해 모든 음식이 상대적으로 짧은 시간 내에 만들어질 수 있도록 해야 한다. 우선 프란체스코는 요리 시간을 효율적으로 시작하기 위해 업무의 위계를 파악한다. 즉, 어떤 음식을 스토브에 먼저 올려야 제시간에 끝낼 수 있을지를 생각한다. 모든 메뉴는 각기 다른 디자인적 어려움이 있다.

메뉴가 정해지면 프란체스코는 그 전날 혹은 당일 아침에 장을 봐서 모든 재료를 다 가지고 현장에 간다. 그리고 디자인 씽킹이 시작된다. 주요리 다섯 가지와 곁들임 요리 세 가지를 어떻게 준비할 것인가? 모든 음식은 조리 시간과 요구되는 기술이

다르다. 어떤 음식은 라자냐처럼 손이 많이 가므로 추가적인 시간을 할당해야 한다.

그림 5.2 아이디어의 방아쇠를 당기기 위해 과거 사례를 지혜롭게 활용하는 것은 디자인 씽킹의 기본 원리에 속한다. 요리의 경우 영감은 기존 요리법에서 찾을 수 있는데 이를 비틀고 이를 바탕으로 하고 이를 향상하는 것이다.

엄격한 다이어트 원칙을 따라야 하는 클라이언트들은 문제를 야기한다. 안타깝게도 이들에게 맛이 어떻게 느껴지는지를 아는 것은 거의 불가능하다. 소금과 같은 것의 경우 어떤 사람들은 소금을 그렇게 필요로 하지 않도록 입맛을 훈련해 왔다. 앞에서도 언급했듯이 많은 사람은 짠맛에 익숙해져 있을 것으로 예상된다. 따라서 프란체스코는 소금을 대체할 수 있는 무언가를 발견하기 위해 기존의 틀을 깨고 독창적으로 생각해야만 한다. 그는 이들에 공감해야 하고 자신도 소금을 필요로 하지 않는다고 상상해 본 다음 분석해야 한다. 그는 다음과 같이 말한다. "이는 당시 완전히 다른 사고방식을 요구했던 모던 스타일을 펼치고자 노력했던 르네상스 시대의 건축가들이 맞이했던 상황과 유사하다."

저콜레스트롤, 고섬유식은 또 다른 예가 된다. 이는 소금의 대체재를 찾는 것과 비슷하지만 보다 식재료 기반으로 접근해야 하는 것이다. 프란체스코에게 콜레스트롤에 대한 방안을 선뜻 제공하는 클라이언트는 많지 않았다. 콜레스트롤을 낮추고 섬유질은 높이는 데 도움이 되는 많은 종류의 재료들과 섬유질 식품들이 있다. 창조성이 발휘되어야 하는 부분은 이러한 재료와 양념들을 기교 있게 조합하여 아주 뛰어난 맛이 나도록 하는 것이다.

요리에서 가장 중요한 것은-중요한 것이 많이 있지만-궁극적으로 그 음식의 맛이 어떠하냐이다. (건축에 비유하면 그 건물이 어떻게 경험되느냐.) 맛이 없으면 실패한 것이다. 그러나 어려운 점은 "건강하면서도" 동시에 맛있게 만드는 것이다. 바로 여기서 창조성의 역할이 중요하다. 다이어트 요구 조건을 만족시키는 새로운 음식을 탄생시키기 위한 영감은 기존 요리법에서 찾을 수도 있다. 기존 요리법을 비틀고 보강하고 개선하거나 출발점으로 삼는 것이다.

때때로 프란체스코는 아무것도 없는 데서 시작

한다.

예를 들어, 제약이 아주 적은 디너 파티를 준비할 때 어떤 사람이 자신은 해산물을 즐겨 먹고 파바빈*fava bean*과 파스타를 좋아한다고 말한다고 가정하자. 이는 사실 지침이나 요리법은 아니다. 생각의 바퀴가 돌기 시작하면서 자신이 평생 먹어 본 것 중 파바빈과 잘 어울릴 것이 무엇인지를 생각해 본다…그들이 생선을 말했으니 내 생각에 파바빈은 게와 잘 어울릴 것 같다. 파스타도 말했으니 라비올리로 만들어도 훌륭할 것이다. 맛에 대한 기억을 많이 활용하다가 책을 펼쳐 영감을 얻기 위한 이미지를 찾기도 한다. 구체적인 요리법을 찾는 것이 아니라 요리책을 쭉 살펴보면서 그 책에 본 어떤 맛과 잘 어울릴 수 있는 다른 맛이 있는지를 살펴보다 보면 그 음식에 추가할 만한 무언가를 발견하게 된다.

공감은 주어진 문제를 넘어설 수 있게 해 주는 열쇠다. 공감은 문제를 확대하거나 분명히 밝히는, 혹은 그저 문제를 드러내는 질문들을 만들어내는 것을 가능하게 해준다.

아이디어의 방아쇠를 당기기 위해 과거의 사례를 지혜롭게 활용하는 것은 디자인 씽킹의 기본 원리에 속한다.

여행하는 동안 과거의 사례를 접하고 기록하고 심지어 분석하는 것은 거의 모든 다른 분야에서처럼 영감을 제공해 주는 풍부한 원천이 된다. 프란체스코는 이렇게 자신의 경우를 말한다. "여행은 맛의 기억에 또 하나의 층을 만들어 주는데, 어떤 것은 잠재의식 속에 스며 있고, 어떤 것은 구체적이기도 하지만 이 모든 것은 생각의 일부, 이면에서 작동하는 창조적 프로세스의 일부가 된다."

프란체스코는 다음과 같이 결론을 내린다.

이 모든 것은 디자인 씽킹의 스토리를 강화한다. 내가 하는 모든 것은 어떤 식으로든 디자인 씽킹의 한 측면을 이용한다. 아침에 옷을 입을 때조차도 그 바퀴들이 돌기 시작하는 것이다. 디자인 씽킹이 주는 훌륭한 혜택을 깨닫기 위해 건축가나 셰프, 혹은 디자인 전문가로 공식적인 훈련을 받을 필요는 없다.

제약회사 혁신의 수단이 되는 공감

공감은 디자인 씽킹을 이루는 구성 요소로, 우리가 새로운 사고방식을 낳은 특별한 니즈에 대한 전적인 인정과 새로운 마음가짐을 갖출 수 있도록 도왔다.

-메러디스 코프만, PhD

이 짧은 이야기는 공감이 디자인 씽킹의 가장 중요한 요소 중 하나라는 것을 보여준다. 공감은 주어진 문제를 넘어설 수 있게 해 주는 열쇠다. 공감은 문제를 확대시키거나 분명히 밝히는, 혹은 그저 문제를 드러내는 질문들을 만들어내는 것을 가능하게 해준다.

이해 관계자들에게 의미 있는 감정 이입을 하는 것은 문제를 정의하기 위한 주목할 만한 도구이자 궁극적으로는 솔루션이다. 놀라울 정도로 간과되고 있는 단순한 상식은 이 점이다. 우리가 공간이나 솔루션, 또는 이 경우 우리가 디자인하는 제품을 사용하게 될 사람들을 더 잘 알면 알수록 우리는 더 훌륭한 문제 해결사가 될 수 있고 더욱 중요한 솔루션이 나올 수 있다는 상식이다.

다음에 묘사될 디자인 씽커들은 근본적으로 일반적인 제품 사용자를 위한 대리인으로서 이해 관계자들을 옹호하는 책임을 맡는다. 공감을 통한 주요 데이터로 무장된 이들은 사용자들이 상상하지도 못했던 훌륭하고 대응성이 뛰어나며 경제적인 솔루션을 제안할 수 있다.

메러디스 코프만*Meredith Kauffman* 박사는 한 주요 소비재 회사를 위한 연구 개발 프로젝트들을 주도했는데, 여기서 그녀는 사람들의 건강과 삶의 질을 향상하는 데 도움을 줄 수 있는 신제품을 디자인하기 위해 혁신적인 과학을 사용하는 데 집중했다. 그러한 프로젝트 중 다음에 나오는 한 토막의 짧은 이야기는 우리가 다루어야 하는 문제가 정확히 무엇인지를 정의하는 것이 (이 경우에는 공감을 통해) 혁신에서 가장 중요하다고 여기는 디자인 씽킹 프로세스를 강조한다.

모든 브랜드는 약 20명의 사람을 수용할 수 있는 허브*hub*라 불리는 지정된 개방 오피스 공간을 가지고 있었다. 여기에는 마케팅 및 패키징 전문가, 연구와 개발*R&D* 과학자, 임상 연구 전문가들이 포함되었다. 각기 다른 부서에서 온 사람들이 자리를 함께하면 혁신이 고취될 것이라고 느껴졌다. 그리고 실제로 그 허브에는 두 명의 디자이너도 있었다. 한 명은 프로젝트의 아이디어 단계에서부터 제작까지 참여하고, 종종 공장 방문 때문에 팀과 떨어져 패키지의 실제 제작을 전문으로 하는 패키지 엔지니어다. 또 다른 한 디자이너는 상근으로 팀에 머무르는 사람으로 브랜드를 위한 영감을 일으키는 것을 지원하는 역할을 맡는다.

이 사례의 프로젝트는 의치용 접착제였다. 이 비즈니스의 핵심은 총의치 착용자(이가 전혀 없는 사람)를 위한 접착제였지만 이 회사가 발견한 성장 기회는 "부분 의치 착용자들" 즉, 한두 개 빠진 치아를 대체하는 의치를 위한 접착제가 필요한 사람들에게 있었다. 이러한 소비자들에게 있어 가장 큰 문제는 의치가 잘 맞지 않아서 결과적으로 의치가 흔들리고 치아에 스트레스를 준다는 점이었다. 음식 조각들이 의치 아래에 박히면서 짜증을 야기하기도 했다. 이는 소비자 니즈의 관점에서 본 초반의 문제였고 R&D와 마케팅 관점에서 팀이 해결 방법에 집중하는 것이었다.

약 한 달 후 팀 미팅 중 한 번은 그 디자이너가 소비자들이 겪고 있는 문제를 흉내 내고자 급하게 마련한 두꺼운 목장갑을 끼고 들어왔다. 그는 이렇게 말했다. "여러분이 소비자에 대해 한 이야기를 들어 오면서 나는 그들이 겪고 있는 어려움들을 생각해 봤습니다. 여러분이 놓친 것은 '이 접착제는 바르기가 정말 힘들어!'라고 말하는 그들의 목소리죠." 그들이 (실수로) 접착제를 과도하게 바르면 닦아 내기가 힘들다. 접착제는 기본적으로 오일과 섞인 고분자이므로 과도한 기름이 소비자들의 입속에 들어가게 되는 것이다.

이 디자이너는 자기 팀이 제품의 문제를 제대로 다루지 못하고 있는 것 같다는 점, 즉 접착제를 지나치게 많이 바르게 되는 것을 간과했다는 점을 지적했다. 이 접착제는 튜브로 짜서 쓰는 아주 점성이 강한 제품으로 알려져 있었다. 소비자들은 치약보다 이 접착제 짜는 것을 훨씬 어려워했고, 그 디자이너는 팀이 이 점을 이해하기를 바랐다.

급하게 마련한 목장갑 이야기로 다시 돌아가자면, 이 디자이너는 저항력을 주기 위해 장갑의 손가락에 단단한 플라스틱 조각들을 붙였다. 쥐어짜는 동작을 하거나 관절염에 걸린 손을 흉내 내는 동작을 할 때 평상시보다 훨씬 많은 힘을 들여야 하도록 만든 것이다. 이는 R&D팀에게 실제 소비자들의 경험을 공감할 기회를 주고자 한 의도였다. 그 장갑을 사용하면 팀에서 개발하려고 하는 그 새로운 접착제 제품을 제대로 바르기가 매우 어려웠는데, 이는 제품이 너무 뻑뻑했기 때문이었다.

부분 의치 사용자들(매우 점성이 강한 시제품을 사용하는 사람들)을 위한 한 가지 솔루션은 원래 튜브 디자인을 재고하고 새로운 도포 기구를 개발하는 것이었다. 이는 딸깍거리는 펜과 비슷하다. 즉,

한 번 클릭하면 정량이 나오도록 해서 관절염이 있
는 손으로도 쉽게 짤 수 있고 짜는 힘을 크게 필요
로 하지도 않았다. 장갑을 착용해도 튜브에서 짜는
것보다 프로토타입 도포 기구를 클릭하는 것이 훨
씬 더 쉬웠다. 또 하나의 솔루션은, 이는 총의치 착
용자들을 위한 것으로, 쉽게 열고 쉽게 짤 수 있는
튜브를 만드는 것이었다. (그림 5.3 참조)

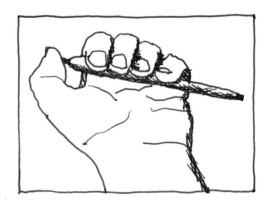

그림 5.3 이 도구는 짜는 힘을 들이지 않고도 정량 도포를 할 수 있게 개발
되었다. 이러한 사례를 통해서도 알 수 있듯, 다시 한번 강조하지
만, 공감은 가장 중요한 이슈를 발견하고 문제에 제대로 초점을 맞
추는 데 도움을 주는 데 있어 너무나도 중요하다.

한 가지 절대적으로 언급해야 하는 주의사항을 말하자면, 제품 개발에 영향을 미치는 것에는 단순히 소비자의 선호뿐만 아니라 많은 다양한 요소들이 있다는 점이다. 예를 들어 비용은 모든 프로젝트에서 고려해야 하는 대단히 중요한 요소다. 이 사례의 경우 튜브를 다시 디자인하는 것은 비용 절감에 대한 지시에 대응할 기회이기도 했다.

대학에서의 디자인 씽킹

디자인 씽킹은 우리가 스스로 깨닫는 것보다 훨씬 더 많은 것을 성취할 수 있도록 준비하게 한다. 마음을 열고 이러한 가능성이 무엇이 될지 기대하라.

-제임스 바커

클렘슨대학교Clemson University의 전 총장이었던 제임스 바커James Barker는 민간 후원으로 10억 달러 이상의 기금을 모으며 주요 재정 확충 계획을 시작했다. 그는 대대적인 자금 삭감의 시기 동안 이 대학을 이끌어 탈바꿈시켰고, 이로 인해 클렘슨은 불황 이전보다 재정적으로 더 건강한 학교가 되었다.

디자인 씽킹, 그중에서도 특히 비전화하기, 경청하기, 그리고 다이어그램 만들기는 여러모로 제임스가 대학 총장의 역할을 다 할 수 있도록 준비시켜주었다. 다시 말해, 디자인 씽킹은 제임스 자신이 성취할 수 있는 것이 무엇인지에 대한 일종의 확신을 주었다. 다음 이야기들은 제임스가 이러한 디자인 씽킹의 핵심 요소들을 거의 14년의 총장 재임 기간에 어떻게 적용하였는지를 보여주며, 그가 어떻게 다양한 유형의 문제들에 일반화시킬 수 있는지를 설명한다.

비전화하기

디자인 씽킹은 존재하지 않는 것을 볼 수 있도록 해준다. 총장으로서 제임스는 비전화하기Visioning가 절대적으로 필요한 것이라고 주장한다. 그리고 이러한 비전이 무엇인지, 왜 가치가 있는지, 또 왜 우리의 돈과 에너지, 시간을 아직 존재하지도 않는 것에 투자해야 하는지를 효과적으로 설명하는 것은 우리의 마땅한 의무라고 주장한다. 비전이라는 개념은 매우 중요한데, 그 이유는 비전이 캠퍼스 공동체에게 그들이 비평하고 뜻을 같이하여 모이며, 때로는 그 비전이, 혹은 그 비전의 일부가 좋지 않은 아이디어라고 충고할 수 있는 어떤 근거를 제공하기 때문이다.

제임스의 비전은 10년 이내에 클렘슨대학을 US 뉴스가 선정하는 20대 최고 공립대학 순위 안에 들도록 하는 것이었다. 당시 클렘슨은 74위였다. 대학 이사회는 제임스와 그의 팀에서 업무 수행 결과를 계량적으로 보여줄 것을 요청했다. 그들은 분기별 성적표를 제출했고, 이는 자신들의 목표가 달성되고 있다는 것을 보여주는 데 도움이 되었다.

2008년, 재정 위기 당시 클렘슨은 많은 학생에게 제공하던, 그들의 자랑인 몇몇 중요한 인턴십 자리를 잃게 되었다. 후원사들은 예산을 축소하고 있었고 그래서 인턴십은 제일 먼저 포기해야 하는 것 중 하나였다. 제임스는 이 문제를 어떻게 해결했을까? 제임스의 말을 들어 보면 다음과 같다.

대학을 운영한다는 것이 얼마나 큰일인지 생각하며 사무실로 들어가고 있었습니다. 10억 달러나 되는 예산을 봤죠. 이 장소, 이에 대응하는 이 예산으로 가능한 것이 무엇인지에 대한 큰 비전이 필요했습니다. 우리는 많은 면에서 작은 도시와 비슷했고 다면적인 모습을 가지고 있습니다. 예를 들어 우리는 건축학을 가르치는 데 그치지 않고 건물을 짓기도 합니다. 에너지와 지속 가능성에 대해 가르칠 뿐만 아니라 발전소를 가지고 있기도 합니다. 그렇다면 오르락내리락하는 기업들에 의존하지 않고 캠퍼스 안에 인턴십 자리를 만드는 게 어떨까 하는 생각을 했죠. 인턴십 자리를 500개는 만들 수 있었죠! 우리 대학은 학생들이 이용할 수 있는 인턴십을 제공하고 가르치기 위한 자원을 가진 복합적인 조직입니다. 우리는 이 과제를 커리어 센터에 주었고 500개 목표를 달성했습니다.

• 비전 확립에는 숙성의 시간이 필요하다. "시간의 길이는 나에게 있어 다양하게 다가온다. 학기 중간에는 이슈들이 계속 발생한다. 이 이슈들은 내 머릿속에 머물러 있고, 드문드문 비전에 통찰력이 조금 더 보태져 비전이 향상되는 것이다."

• 역사와 맥락에 대한 이해도 매우 중요하다.

나는 클렘슨을 내 모교나 다름없다고 생각해 왔는데, 내가 클렘슨의 전통에 대해 알고 있다고 주장할 수 있다면 변화를 주도하는 데 영향을 줄 수 있다는 사실을 알고 있었기에 이러한 생각은 큰 차이를 가져왔다. 우리가 전통을 안다면 '다 이해합니다. 그러니 이제 변화를 몇 가지 시도해 봅시다.'라고 말할 수 있지만, 전통을 알지 못한다면 우리가 속한 장소를 진정으로 이해하고 있는 것인가 하는 의심에서 벗어나지 못한다.

경청하기

제임스는 위에서 언급한 인턴십 문제 말고도 2008년 금융 위기로 인해 발생한 몇몇 엄청난 도전 과제들을 다루어야만 했다. 제임스는 이러한 도전들을 처리하기 위한 극적인 조치를 취할 것을 설득한 그의 탁월한 CFO에게 위기 극복의 공을 돌린다. 가장 어려운 조정은 코치들을 포함해 캠퍼스에서 일하는 모든 직원의 급여를 약 2.5~3퍼센트 삭감하는 것이었다. 안타깝게도 이 프로세스가 시작될 때 주 정부는 총연봉이 15,000달러 이하인 직원들도 포함해 모든 사람에게 이 조치가 적용되어야 한다는 지시를 내렸다. 클렘슨대학 역시 이러한 가이드라인을 따라야 했지만, 제임스는 동료들을 돕기 위한 기금을 조성하자는 제안을 했다. 그는 첫 기부자가 되면서 이렇게 말했다. "우리 중 충분한 숫자의 사람들이 기부한다면 이 어려운 시기를 겪으면서 가장 큰 도움이 필요한 사람들에게 도움을 줄 수 있을지도 모른다."

제임스로서는 급여를 삭감하면서 동시에 각 직원의 급여(일정 수준 이상의 급여) 일부를 숭고한 무언가를 위해 써야 한다고 요청하는 것은 거의 직관에 반하는 주장이었다. 제임스는 이렇게 말했다.

디자인 씽킹은 인내해야 하는 시간이 언제인지, 그리고 긴박하게 행동해야 하는 시간이 언제인지를 가르쳤다. 나는 이것이 긴박하게 행동해야 하는 시간이라는 것을 알았다. 그래서 우리는 신속하게 행동했고 이 조치의 결과로 상대적으로 빠르게 회복했다.

이 금융 위기의 사례는 경청과 관계가 있다. 제임스는 다음과 같이 비판하기도 했다.

우리는 경청해야 하는 것만큼 경청하지 않는다. 우리는 말하기를 원하고 다른 사람들이 아닌 우리 머릿속에 있는 것을 설명하고자 한다. 다른 사람이 말하는 것에 집중을 하고, 그들의 말 속에 있는 행간의 의미가 무엇인지를 파악하며, 단순히 그들이 사용하는 단어가 아니라 그들이 말하는 것의 의미를 이해하고자 한다면, 훌륭한 통찰력을 도출할 수 있다. 예를 들어, 나는 우리 CFO의 눈과 목소리를 통해 그가 당황한 것이 아니라 크게 우려하고 있다는 사실을 발견할 수 있었다. 나는 그가 하는 말뿐만이 아니라 그가 어떻게 느끼고 있는지를 생각함으로써 그러한 뉘앙스를 알아차린 것이다. 이는 당시의 긴박감을 이해하고 이 엄청난 어려움을 어떻게 처리할 수 있을 것인가를 이해하는 데 도움을 주었다. 물론 당시에는 아무도 그것이 얼마나 큰 것인지를 몰랐다. 경청에 있어 디자인 씽커들이 가진 기술은 나에게 엄청난 도움이 되었다.

다이어그램 만들기

제임스는 매우 자주 그림이나 도표를 그린다. 그는 칠판과 매직펜이 있는 방에서만 회의하는 것을 선호한다. 그는 이슈들을 이해시키기 위한 노력으로 일반적으로 스케치를 하고 다이어그램을 만드는데,

이는 행정팀에 속한 다른 사람들에게 자기 생각을 설명하는 데도 도움이 된다. (그림 5.4)

　제임스는 그의 손에 펜을 들고 종이 위에 뭔가 적거나 그릴 때 가장 생각을 잘 할 수 있다고 주장한다. 스케치나 낙서는 문제에 초점을 맞추기 위한 시작점으로 솔루션에 이르는 수단이 된다. 낙서 또는 글을 포함한 모든 흔적은 그의 머릿속에서 어떤 생각이 일어나고 있는지를 보여주는 상징이다.

그림 5.4 정보를 분석적 이해를 돕는 그림이나 도표로 바꾸는 것은 창조성을 자극하고, 문제를 더 심도 있게 이해하도록 해 주며, 솔루션을 위한 가능성에 대해 생각할 수 있도록 도울 수 있다.

창조성을 깨우는
디자인 씽킹의 기술

다음 달에 있을 강연을 앞두고 제임스는 그 강연을 준비하면서 종이에 손으로 강연과 관련한 핵심 단어와 문구를 적었다. 두 줄을 만들어 아이디어들이 서로 대조가 되도록 줄을 세워 정리했다. 그런 후 그는 이 아이디어들을 연결하려고 시도한다. 그 결과는 문장과 그림이나 도표 중간쯤에 있는 무언가가 된다. 그런 다음 그는 종이 아래에 몇몇 그림이나 도표를 넣는다. 이렇게 그는 근본적으로 강연의 예비적인 개요가 되는 일련의 단어와 문구, 다이어그램 등을 확보하는 것으로 마무리한다.

다이어그램 만들기가 문제와 솔루션을 명확하게 하는 데 얼마나 효과적인지를 보여주는 한 가지 예가 있다. 제임스는 클렘슨대학교 국제 자동차 연구 센터*Clemson University International Center for Automotive Research*라고 불리는 새로운 계획에 관여하게 되었다. 이는 BMW, 미쉐린*Michelin* 등의 기업들을 포함하는 그 지역 자동차 생산의 중심지에 있는 또 하나의 캠퍼스가 될 것이었다. 제임스와 그의 팀은 이 프로젝트를 가장 잘 정의하는 방법을 살펴보고 있었다. 제임스는 아카데미와 비즈니스 커뮤니티라는 두 개의 원이 겹쳐지도록 도표를 그렸다. 제임스는 그 아이디어에 대해서 더 많이 숙고하면서 그 도표를 매개로 하여 사람들과 더 많은 대화를 나누었다. 그리고 마침내 그 두 개의 원이 사실상 겹치지 않으므로 그 둘 사이에 연결 요소를 만들어야 한다는 결론을 내렸다. 그 두 원 사이에 다리를 만들어야 했고, 그 다리는 어떤 모습이어야 하는지도 결정해야 했다.

이 간단한 도표는 팀이 존재하지도 않는 무언가를 찾는 것을 멈출 수 있도록 자유를 주었고 그들의 초점을 다시 맞추도록 해 주었다. 이는 그들에게 활기를 주었고 새롭게 만들어야 하는 이 요소가 어떤 모습이어야 하는지를 묻게 했다. 그리하여 그들은 그 다리로써 국제 자동차 연구 센터*International*

*Center for Automotive Research*를 만들게 되었고 이 연구소는 현재 번창하고 있다. 캠퍼스 안에는 6개의 빌딩이 있는데 여기에 그 주의 민간 기업들은 2억 2,000만 달러를 투자했다. 도표에 묘사된 생각이 어떻게 물리적인 현실로 번역되는지를 보는 것은 매우 보람 있는 일이었다.

제임스는 디자인 씽킹이 우리가 깨닫는 것보다 훨씬 더 많이 성취할 수 있도록, 그리고 그러한 가능성이 무엇이 될지에 대해 개방적인 태도를 가지도록 우리를 준비시켜준다는 강한 믿음을 가지고 있다.

패스트 페일과 반복

디자인 씽킹에서 패스트 페일*fast-fail*과 반복*iterative*은 우리가 수없이 잘못하거나 실수할 것이기 때문에 실패를 해도 상관없다는 의미에서는 꽤 도발적인 개념이다. 그러나 우리가 무언가를 잘못할 때마다 가장 중요한 것은 그 경험으로부터 학습을 한다는 점이다. 반복 부분이 적용되는 지점도 바로 여기다. 뭔가를 잘못하지만 우리는 배운다. 그러다가 또 어떤 잘못을 하지만 새로운 무언가를 또 배운다. 그러다 적절한 때가 되면 실수가 줄어들고 많은 배움이 누적되며 이러한 방법론을 통해 자발적으로 무언가를 창조하게 되는 순간에 이르게 된다.

-디에고 루자린

세계적으로 유명한 "음식 디자인" 전문가인 디에고 루자린*Diego Ruzzarin*은 식음료 산업을 위하여 수익성 있고, 확장 가능하며, 지속 가능한 비즈니스 모델을 만들어내는 회사인 푸드로소피아*Foodlosofia*의 CEO다.

기업 환경에서 문제를 해결하는 데 있어서의 문제점

디에고는 이렇게 말한다. "나는 패스트 페일과 반복이라는 개념의 큰 지지자다." 이유는 이러하다. 기업에서 일한 경험을 가진 디에고는, 특정 방법론들의 경우 프로젝트의 창조성을 위한 가이드라인이나 촉진 요소 또는 동기 부여 방법이 되기보다는 보험이나 부담처럼 느껴지고 있다는 것을 파악했다. 그는 사람들이 통상적이고 궁극적으로는 비생산적인 방법론을 사용하고 있고, 그들의 급여를 정당화하거나 잠재적인 재앙으로부터 자신들을 보호하는 데 상당한 시간을 사용하는 경향이 있다고 믿었다.

여느 때와 다름없다는 것, 즉 일상적이라는 것은 종종 무지의 민주화_democratization_와 관련이 있다. 많은 사람이 의사 결정을 내리기 위해 회의석에 둘러앉는다. 모두가 매우 겸손하고 서로를 포용하며 착하게 행동하는데, 그래서 대부분의 경우 그 회의석에 앉은 가장 멍청한 사람들이 기본에 근거해 의

사 결정을 내리는 일이 발생하고 만다. 이는 모든 사람이 서로를 포용하고, 그래서 모든 사람이 동의하도록 만들기 위해 자신들의 생각을 하향 평준화해야만 하기에 발생하는 현상이다. 이러한 민주화의 과정에서 대부분의 위대한 아이디어들은 사라진다. 이는 역경 또는 실패에 대한 두려움과 밀접한 관련이 있다.

패스트 페일의 사례

최고의 솔루션은 문제를 한 덩어리로만 보는 것이 아니라 많은 변수를 고려하며 전체를 살펴보는 데서 나온다. 창조성 혹은 대기업과 관련해 디에고가 느끼는 당혹감은, 사람들이 큰 그림을 고려하기보다는 분리되고 조각난 솔루션을 추구하는 경향 때문이었다. 식품 산업의 경우 제품 향상 노력의 90퍼센트는 맛에 초점이 맞추어져 있다. 그럼에도 연구 개발 지출은 너무나 맛에 집중되어 다른 변수들이 존재한다는 것에 대한 생각은 거의 하지도 못한다.

여기 하나의 사례가 있다. 푸드로소피아는 한 대형 제과 기업의 치즈 스낵 프로젝트를 맡게 되었는데 당시 이 시장은 축소되고 있었고 소비자 수용도 시들해지고 있었다. 브랜드와 제품, 전통적인 소비자들 간의 연결점도 매우 취약했다. 푸드로소피아가 이 카테고리에서 혁신을 통해 신제품을 생산하라고 이들을 밀어붙였을 때 이들은 항상 안전책만 강구하고 자신들이 판매하는 전통제품의 범위를 넘어서지 않으려고 했다.

디에고는 디자인 콘셉트를 시도해 보는 것, 즉 새로운 제품을 만들고 새로운 아이디어를 내놓는 것이 많은 돈이 드는 일은 아니라고 설명했다. 이번에 해보고 실패하더라도 그것은 수정할 수 있는 프로토타입 디자인에 불과하기에 중요한 문제가 아니었다. 몇 달이 걸릴 일이지만 궁극적으로는 제대로 된 것을 얻게 될 것이었다. 새로운 제안을 개발하는 데 드는 비용은 성공의 가능성에 비하면 거의 아무것도 아니었다. 그러나 안전한 방법만 찾고 부정적인 경향에 머무른다면 그들의 시장과 비즈니스에 필연적으로 해가 될 것이었다.

이 제과회사는 디에고의 판단을 믿었고 이렇게 말했다. "좋아요, 한 번 해봅시다. 6개월의 시간을 가지고 다르게 생각하고 다른 방향으로 혁신을 시도해 봅시다." 이렇게 프로젝트를 주도하게 된 푸드 로소피아는 비록 논쟁의 여지는 있었지만, 그 회사가 더이상 원래 의도했던 타깃 어린이들에게 이런 유형의 치즈 과자를 팔 수 없다고 결론을 내렸다. 대신 이 과자의 포지셔닝을 변경해 어른들, 즉 15년 전에 처음 이 브랜드와 사랑에 빠졌으나 이제는 나이가 든 어른들을 위한 새로운 치즈 과자 종류들을 디자인하는 방향으로 접근했다.

이들은 삶의 다른 순간을 살아가고 있었다. 우선순위도 바뀌고 니즈나 라이프스타일도 바뀌었다. 이러한 치즈 과자에서 이들이 기대하는 것은 근본적으로 다르다. 그래서 이 제과회사는 이렇게 말했다. "이건 큰 도박이지만 한 번 시도해 보자."

그런 다음 푸드로소피아는 새로운 제품들을 고안했고 소비자 테스트를 실시했다. 이들은 다음과 같이 말하는 성인 소비자들로부터 훌륭한 결과를 얻었다.

이 신제품을 보게 되니 너무 좋다. 내가 예전부터 좋아하던 치즈 과자를 사러 슈퍼마켓에 가면 어린아이들을 위한 프로모션 밖에 볼 수 없기 때문이다. 제과 회사들은 밀레니얼*millennial* 세대에게만 호소하려고 노력한다. 나는 그들의 스토리텔링과 제품에 더이상 공감하지 못하지만 예전의 경험을 좋아했다. 대체 무슨 일이 생겼는가? 제과회사들은 우리를 이해하지 못한다.

그래서 푸드로소피아는 성인들과도 관련이 있

는 제품을 다시 소개하기 시작했다. 소비자들은 즉 각적으로 그 스토리, 브랜드와 다시 사랑에 빠지게 되었다. 소비자들은 왜 애초에 그 제품들을 사랑하게 되었는지를 재발견했다.

디에고는 자신의 팀에 소비자 조사 업무를 담당하는 심리학자들을 두고 있다. 이 팀은 프로세스의 초반에 패스트 페일로부터 무언가를 파악했다. 이들은 어린이들과 이야기하면서 왜 아이들이 이 제품에 더이상 공감하지 않는지를 이해하려고 했다. 디에고는 실패를 통한 학습을 전형적으로 보여주는 중요한 반응 하나를 기억해 냈다. 그 심리학자 팀은 어린아이들에게 왜 예전에는 사랑하던 그 치즈 과자를 더이상 먹지 않는지 물었다. 무슨 일이 있었는지, 맛이 더 없어진 것인지 등을. 혹은 식감에 문제가 있는지, 포장이나 그래픽, 브랜드 등이 매력적이지 않은지 등도 확인했다.

아이들은 이 모든 질문에 아니라고 답했다. 아

이들은 학교에서 오전 일과 중 쉬는 시간을 가지는데 쉬는 시간에 만약 이 치즈 과자를 먹는다면 손가락이 엉망이 되어서 휴대폰을 제대로 사용할 수가 없으니 그 과자를 사 먹지 않는 편이 낫다고 대답했다. 이토록 간단하고 이성적인 반응이었지만 어떤 누구도 소비자들과 소통하고 공감하며 소비자들, 즉 과자가 중요하다고 말했던 사용자들의 말에 귀를 기울이는데 시간을 들이지 않았다. 이 경우 아이들은 요즘에는 휴대폰이 훨씬 더 중요하다고 선언한 것이다. (그림 5.5)

이 경우 푸드로소피아로서는 패스트 페일의 태도를 취하는 것이 매우 중요했다. 왜냐하면 이들은 무수한 문제들과 장벽, 소비자, 맥락 등의 변수에 부딪혀 봤기에 이 모든 변수를 통해 이들은 이 시장을 다시 활기 있게 만들 방법을 결정할 수 있었기 때문이었다.

그림 5.5 왜 어린아이들은 더이상 이 치즈 과자에 공감하지 못하는가? 이들의 대답은 실패로부터의 학습을 전형적으로 보여주는 것이었다.

프로세스의 해부

패스트 페일은 클라이언트가 제공하는 정보에서 시작한다. 이는 엄청나게 다양한 양상을 띨 수 있고 때때로 기존 마케팅 알고리즘으로 예측하지도 못하는 것이다. 광범위한 양상으로 펼쳐지는 클라이언트의 이슈, 선호, 목표 등에 대한 예를 살펴보자. 새로운 테크놀로지가 어떻게 새로운 제품을 공급하는

가? 우리의 시장은 쇠퇴하고 있다. 그렇다면 이 시장을 변화시켜야 하는가? 아니면 카테고리를 재포지셔닝해야 하는가? 이 제품을 포지셔닝하기 위해 새로운 브랜드를 만들어야 하는가? 우리의 브랜드는 새로운 카테고리로 이동 중이다. 우리는 아이스크림 카테고리에 있었지만 이제는 머핀을 만들고자 한다. 이러한 전환은 가치가 있는가? 이러한 유형의 음식과 함께 소비자들을 위한 새로운 레스토랑 콘셉트와 메뉴를 제공할 수 있겠는가? 독특한 올리브 오일 제품을 만드는 데 도움을 줄 수 있는가?

보통 이러한 클라이언트의 정보는 상당한 양의 데이터를 동반한다. 기업들은 엄청난 데이터를 제공하지만 이를 어떻게 사용하는지를 아는 경우는 좀처럼 드물다. 따라서 푸드로소피아 데이터 분석 프로세스의 첫 번째 부분은 "이해"라는 프로세스로 이는 두 개의 요소, 즉 클라이언트가 제공한 정보와 그들이 착수한 연구 자료라는 요소로 이루어져 있다. 디에고는 "철학자들"이라고 부르는 팀을 두고 있는데, 전 세계에 퍼져 있는 그들은 음식의 미래에 대해 매우 비판적인 사고방식을 가진 사람들로 이루어진 네트워크를 형성하고 있다. 푸드로소피아는 프로젝트를 시작할 때 먼저 맥락을 이해하려고 노력한다.

우리는 지금 여기서 무엇을 하고 있는가? 우리는 아이스크림의 미래를 다시 만들고자 한다. 아이스크림에 대해 한 번 생각해 보자. 오늘날 아이스크림이란 무엇인가? 이 데이터가 우리에게 말하는 것은 무엇인가? 아이스크림의 미래에 영향을 미칠 전 세계적인 트렌드라고 믿을 수 있는 것은 무엇인가?

이러한 질문들 후 팀원들은 함께 합의에 도달한다. 이 합의는 팀원들 모두가 이해하는 거대한 지적 자본인 셈이다. 여기에서 이들은 빠르게 결정을 내린다. 결과가 재앙이 된다 하더라도 이들은 신속하게 결론을 내린다.

이건 요즘 나오는 아이스크림이다. 우리는 10년 후에 나올 아이스크림은 자연에 관한 것이 될 것이라 믿는다. 그리고 5년 후에 나올 아이스크림은 어떨 것인지에 대한 프로토타입을 만들어 본다. 즉 '아이스크림은 이렇게 될 것이고, 이것들은 아이스크림에 영향을 줄 새로운 테크놀로지이며, 크게 성장할 브랜드 유형은 이러한 것들이고, 이러한 새로운 비즈니스 모델과 유통 시스템이 아이스크림 산업이 작동하는 방식을 바꿀 것이다' 등으로 말한다.

그런 다음 이들은 이러한 현실을 프로토타이핑 (prototyping, 아이디어를 구체화한 시제품인 프로토타입을 만드는 것)한다. 클라이언트는 이러한 토론 중 일부에 참여한다. 모든 토론에 참여하지는 않는다. 대부분 클라이언트는 30년 동안 같은 일을 해왔기에 그들이 모든 것을 알고 있다고 믿으며 내부 토론을 한다. 이들은 두려움으로 인해 변화하는 것이 없을 것이라 가정한다. 푸드로소피아는 일부 대화에서는 클라이언트들을 배제하고, 클라이언트가 꼭 듣고 싶어 하지 않을 것들, 표면적으로는 문제의 제품을 사용하는 사람들에게서 비롯된 것들을 터놓고 말하기 위해 이른바 시적 허용을 사용하기도 한다.

푸드로소피아는 두 가지 유형의 프로토타입, 즉 매크로와 마이크로를 사용한다. 매크로 프로토타이핑은 이들이 "시나리오 디자인scenario design"이라고 부르는 것이다. 식품 디자인은 식품 그 자체보다 훨씬 더 많은 것을 포함하기에, 이러한 매크로 프로토타이핑은 전반적인 비즈니스 환경에 대한 전체론적인 시뮬레이션을 제공한다. 여기에는 비즈니스 모델, 유통 시스템, 브랜딩, 패키징, 제품 그 자체 등이 포함되고 소비자들, 즉 그들의 문화적 소양, 라이프스타일 등에 대한 이해도 포함된다. 매크로 프로토타이핑은 본질적으로 새로운 카테고리에 대한 맥락이라 할 수 있다. 반면, 마이크로 프로토타이핑은 프로젝트의 세부 사항을 파고들며, 이는 주로 프로세스의 세 번째 또는 네 번째 반복 단계에서 진행된다.

매크로 프로토타이핑에서 첫 번째 테스트는 (아직은 소비자가 아니라) 클라이언트를 대상으로 한다. 예를 들어 푸드로소피아는 향후 5년 내 아이스크림 카테고리에서 무슨 일이 일어날 것인가에 대한 아이디어를 제시한다. 그리고 그게 말이 되는지를 묻는다. 즉, 미래 현실의 요소 중 어떤 것들이 진짜라고 믿는지, 그러한 요소 중 자신들의 비즈니스에 수용하고자 하는 것은 무엇인지 등을 묻는다. 몇몇 대답들은 뻔히 예상할 수 있는 것들로, 말하자면 재료의 단순함, 원산지와 가공 과정의 투명성, 유통망에서의 공정한 경쟁 등이 해당한다.

푸드로소피아는 클라이언트들에게 아이스크림이 아이들 음료보다는 알코올음료와 더욱 관련이 있게 될 것이고 점점 커지는 소셜 카테고리로 갈 것이라는 추측을 믿는지 묻는다. 그들은 이것이 사실이 되기를 원하고, 그들이 추구하고자 하는 카테고리라고 말하며, 아무도 정복하지 않은 땅이라고 한다. 어떤 기업들은 여전히 어린이들을 대상으로 하겠지만 이들은 성장 가능성이 있는 미개척 영역, 즉 해피아워(정상가보다 싼 값에 술을 파는 보통 이른 저녁 시간대)에 먹기 좋은 알코올이 들어간 아이스크림, 럼 아이스크림을 한 스쿱 올린 샐러드 등과 같은 영역도 있을 것이라고 믿는다. 푸드로소피아는 이것이 미래가 될 것이라 믿는다.

모든 사람은 이제 이 아이디어를 분명히 이해했다. 팀은 더 많은 연구를 수행하면서 소비자들,

잠재적인 클라이언트들 그리고 공급망에 있는 사람들과 이야기를 나누었다. 이들은 이제 어떤 유형의 제품이 필요한지 파악하기 위한 마이크로 프로토타이핑을 시작하기에 충분한 이해를 갖춘 것이다. 즉, 이러한 제품을 만들 수 있는 테크놀로지는 존재하는가? 패키징이나 브랜드는 존재하는가? 약속한 유형의 맛들을 개발될 수 있는가? 질감은 이게 맞는 것인가? 이러한 질문들을 던진 후에 이 신제품의 먹을 수 있는 프로토타입, 즉 색과 향, 맛, 질감 등을 가지고 있고 입안에 넣고 어떻게 녹는지를 파악할 수 있는 프로토타입이 개발된다.

그다음 테스트 단계는 소비자들을 대상으로 한다. 즉, 이 제품이 타당한지, 크기, 향, 브랜드, 스토리텔링 등이 적절한지 등을 묻는 것이다. 이들의 대답을 통해 새로운 무언가를 파악하게 되면 마지막 프로토타이핑 단계를 위해 수정이 가해진다. 마지막에는 새로운 브랜드를 만들고, 패키징을 수정하며 기준 소매 가격을 바꾼다. 이 마지막 단계에는 시장에 출시할 준비가 된 15개의 제품 중 3개만 포함된다. 5개는 두 번째 해에 출시되고, 2개는 네 번째 해에 출시되며, 다섯 번째 해에 나머지가 출시되는 식이다.

푸드로소피아는 이런 식으로 혁신 로드맵을 만들어서 기업들이 언제 신제품을 출시해야 하는지를 알 수 있도록 한다. 그 카테고리와 비즈니스에 대한 비전이 확립되고, 향후 5년에서 10년이라는 기간 동안 목표 수준에 도달할 수 있도록 이 카테고리와 관련된 변화가 구체적으로 명시된다.

디에고는 단순히 맛 외에도 다른 변수들을 설명하기 위해 이러한 반복적인 프로세스 위에서 작용하는 "삼두식*triple-headed* 사고방식"을 가지고 있다. 그는 자신의 팀에 항상 세 부류의 전문가들을 두고 일하게 했다. 먼저, 두 유형의 디자이너들이 있는데 하나는 그래픽(브랜딩, 커뮤니케이션, 패키징

담당)을 담당하고, 나머지 한 디자이너는 음식(재료, 식감, 향 담당)을 담당한다.

이 팀의 두 번째 머리는 전략과 관련이 있다. 이 아이디어가 좋은 비즈니스로 발전할 수 있는지, 자금은 타당한지, 이 가격체계는 옳은지, 사람들이 이 제품을 구매할 것인지, 즉 감당할 수 있는 가격인지 등을 묻는다. 세 번째 머리는 심리학자들로 이들은 전적으로 객관적인 자세를 견지하려고 애쓰며 바보 같은 아이디어나 부정확한 진술에 영향을 받지 않는다. 디자인 모델, 비즈니스 모델 모두가 훌륭할 때조차도 심리학자들은 고약하게 굴면서 그러한 것들이 타당하지 않다고 말하기도 한다. 그리고 모든 사람은 이렇게 현시를 직시하는 이야기도 들을 필요가 있다.

디에고는 하나의 예를 인용하기도 했다. 최근 한 국제회의에서는 KFC*Kentucky Fried Chicken*가 막 출시한 치킨 맛 매니큐어에 관한 한 프레젠테이션이 있었다. 이건 흥미로운 제품이다! 감탄사가 나오는 제품이다! 사람들은 손가락에서 KFC 치킨 맛이 날 수 있다는 아이디어에 흥분했다. 패션 아이템은 가격이 높으므로 KFC로서는 이것이 타당한 아이디어였다. KFC의 입장에선 기존 제품으로는 높은 마진을 확보하지 못했으므로 마진이 매우 높은 제품을 가지고 있다는 것이 좋은 아이디어처럼 보였다. 그런데 심리학자라면 다음과 같은 질문을 제기할 것이다. "이 아이디어가 타당한가? 이 제품을 만들 수 있고 이걸로 돈도 벌 수 있지만 이걸 만들 필요가 있는가? 이 제품은 우리가 인간으로서 발전하는 데 도움을 주는가?"

대개 사람들은 이러한 일을 할 때 상식이 부족한 듯 보인다. 사람들이 다음과 같이 말할 때는 조각조각 분열된 현실들에 갇힌 것이다.

먹을 수 있는 포장 방법을 찾아야 한다. 이런 포장

법만 찾는다면 이는 만병통치약, 즉 식품 산업에 있는 모든 문제를 해결할 수 있는 올바른 처방이 될 것이다. 우리는 플라스틱 낭비 때문에 비판을 받는다. 먹을 수 있는 포장법을 발견한다면 우리에게 폐기물 이슈는 더이상 없을 것이다.

그리고 이 회사는 이 생각이 타당하다고 말한다.

식사 중 대화는 효과적 인터뷰 모델이다

인터뷰 대상자가 잠깐 멈추는 것을, 그리고 그들이 멈추는 방식을 인식하는 것, 또는 변화된 생각이나 감정 등과 같은 비언어적 표현들을 알아차리고 조사해서 중요한 통찰력을 얻어야 한다.

-스캇 필립스

인터뷰는 이슈나 문제 또는 제안된 솔루션을 깊이 이해하는 수단을 제공한다. 어떤 문제에 대한 인터뷰를 통해 통찰력을 얻거나 소중한 무언가를 파악하기 위해서는 훌륭한 기교와 계획이 필요하다. 스캇 필립스*Scott Phillips*는 자신의 기업인 서치라이트*SearchLite*의 매우 중요한 기술인 인터뷰를 특별한 종류의 디자인 문제로 여긴다. 서치라이트는 시장 발굴과 타당성 검토 플랫폼 회사로 발명가들과 기업가들, 고도성장 기업들이 우선적으로 다루어야 하는 시장이 어디인지를 발견하고, 어떤 핵심 요소들이 시장에서 궁극적인 성공에 영향을 미치는지 파악하는 것을 돕는다. 이들의 서비스에는 "전화 인터뷰, 2차 연구 자료, 온라인 활동 등을 통한 중요한 발견을 통합하는 반복적인 프로세스"가 포함된다. 인터뷰에 초점을 맞춘 프로세스에 관한 다음의 설명은, 인터뷰를 통해 통찰력을 찾아야 하는 여러 상황에도 일반적으로 적용될 수 있다.

스캇의 고객들은 대개 대학의 기술 이전 전담 조직 직원들이다. 교수들이 상업적인 가치를 지닌 무언가를 개발할 때마다 이를 대학의 기술 이전 부서에 공개해야만 한다. 연구를 한 교수 혹은 교수진들은 이 부서와 함께 일하며 특허를 내거나 혹은 이 기술을 기반으로 한 창업을 통해 이 발명품의 상업적 가능성을 탐구해야 한다.

대학은 돈이 많이 드는 특허 출원이나 프로토타입 개발 등을 위한 자금을 배분하기 전에 이 발명에 진정으로 관심이 있는 사람들이 있는지, 있다면 왜 그리고 얼마나 관심이 있는지를 알고자 한다.

스캇의 회사를 살펴보자. 모든 클라이언트 또는 발명에 대해 이들은 15명에서 20명의 사람과 인터뷰를 하고, 2차 조사를 하며, 상업적 성공 가능성에 대해 보고한다. 제품/시장 적합성에 대한 것은 포함될 수도 있고 안 될 수도 있다. 인터뷰의 목적은 매우 신속하게 시장의 목소리를 바탕으로 한 객관적인 의견을 제시하기 위한 것이다. 인터뷰는 주로 전화로 진행되는데 이들은 문제를 듣기 위해 귀를 기울일 뿐 솔루션을 판매하지는 않는다.

디자인 씽킹은 인터뷰가 진행되는 방식에 적용된다. 다른 회사들은 인터뷰 가이드를 사용하여 구조화된 인터뷰를 진행한다면 서치라이트는 사람들과 30분 정도의 저녁 식사 대화를 가진다. 인터뷰 진행자는 인터뷰 대상자가 직업적으로 또는 개인적으로 달성하고자 하는 과제에 대해, 그리고 왜 그러한 과제를 달성하고자 하는지에 대해 명확하게 귀를 기울일 수 있는, 혹은 더 깊게 파고 들어갈 수 있는 기술을 익힌, 훈련받은 사람들이다.

이들은 결과, 숫자, 방향 등에 귀를 기울인다. 예를 들어 다음과 같은 말에 귀를 기울인다. "우리 집 식기세척기가 작동 시간은 1/3 단축되면서도 2배 더 깨끗하게 세척을 해주면 좋겠어요." 그러나 인터뷰 대상자는 대개 그렇게 처음부터 수치를 말하지 않으므로 여기서 필요한 기술은 "그 점에 대해 좀 더 말씀해 주시겠어요?"라든지 "그게 무슨 의미죠?" 또는 "어느 수준으로 그리고 얼마나 빨리 그렇게 되길 원하시는지요?"와 같은 철저히 캐묻는 질문들을 계속해서 묻는 기술이다. 최상의 이해를 위해 깊게 캐묻는 스캇의 인터뷰 방법은 린 스타트업*lean startup*(아이디어를 신속하게 시제품으로 제조하여 시장의 반응을 살펴본 후 이를 제품 개선에 반영하여 비즈니스를 완성해 나가는 방식) 운동의 선구자인 스티브 블랭크*Steve Blank*에게서 시작되었다. 말하자면 이는 대화하는 사람들이 약간 헤매도록 놔두어야 할 때는 언제인지, 집중시켜야 할 때는 언제인지, 더 깊게 캐물어야 할 때는 언제인지, 넘어가야 할 때는 언제인지 등을 알기 위한 것이다.

또 한 가지 포인트는 확증 편향을 유의하는 (그리고 피하는) 것이다. 예를 들어 우리가 무언가를 발명했고 인터뷰를 진행한다고 하면, 우리는 의심할 여지 없이 우리의 솔루션을 지지하는 모든 이야기를 들으려고 귀를 기울일 것이다. 우리가 정신적 또는 행동적 편향성 없이 객관적으로 듣는다는 것은 어려운 일이다. 서치라이트의 경우 인터뷰 진행자들은 그들이 평가하고 있는 모든 솔루션에 개입되는 어떠한 의견도 갖지 않도록 훈련된다.

서치라이트는 모든 인터뷰마다 항상 두 사람을 배정한다. 한 사람은 인터뷰를 진행하고 다른 한 명은 메모를 한다. 이 두 사람 모두 사람들의 말을 듣고 해석하지만 모더레이터moderator는 인터뷰 대상자와 대화를 하는 데 집중한다. 경청을 통해 파생된 적절한 후속 질문이 없다면 같은 30분 동안의 전화 통화를 통해 얻을 수 있는 것과 다를 바 없는, 훨씬 더 피상적인 시사점들만 얻을 수 있을 것이다.

그들이 만들어야 하는 결과물에 대한 원재료는 깊은 통찰력을 가져다주는 훌륭한 전화 인터뷰라 할 수 있다. 이러한 인터뷰에서 구조화된 형식으로

된 20개의 질문 리스트를 반드시 다 짚을 필요는 없다. 그렇게 하면 "아하"의 순간이나 통찰력을 놓칠 수 있기 때문이다. 이들이 해야 하는 역할은 관련된 사람들과 이러한 인터뷰를 15건 정도 진행해서 공통되는 주요 시사점과 트렌드를 찾는 것이다.

적극적인 경청은 특기할 만한 기술이다. 스캇은 대응을 위한 의도가 아니라 이해를 위한 의도를 가지고 들어야 한다는 것을 강조한 스티븐 코비Stenphen Covey의 《성공하는 사람들의 7가지 습관The 7 Habits of Highly Effective People》(1998년)이라는 책을 참고한다. 예를 들어, 인터뷰 대상자가 잠깐 멈추는 것을, 그리고 그들이 멈추는 방식을 인식하는 것, 또는 변화된 생각이나 감정 등과 같은 비언어적 표현들을 알아차리고 조사해서 중요한 통찰력을 얻어야 한다.

요약하자면, 인터뷰를 통해 최고의 통찰력을 얻기 위해서는 30분의 대화를 진행하는 법을 알고,

어떤 말에 귀를 기울여야 할지를 알며, 다수의 인터뷰를 종합하는 방법을 이해하고, 우리가 대화를 나누어야 하는 적절한 대상을 찾는 기술이 필요하다.

여기서 끝이 아니다. 이 프로세스 중 일부는 초기 전화 인터뷰와 동시에 병행된다. 서치라이트에서는 인터뷰에서 일어난 일을 검토하는 연구원들이 명확하지 않은 것은 무엇인지, 확인이 필요한 것은 무엇인지 등을 조사한다. 이 연구원들의 과제는 인터뷰를 통해 뒤죽박죽 모은 자료에 명확성을 더해 줄 2차 조사 내용이나 배경을 밝히는 것이다. 이는 프로세스의 속도를 높일 수 있게 해준다. 후속 인터뷰 질문들은 2차 조사에서 파악된 것을 바탕으로 수정된다. 마찬가지로 2차 조사 과제는 인터뷰에서 파악된 새로운 무언가가 있을 때 수정된다.

인터뷰는 회를 거듭할수록 진화한다. 15번째 인터뷰는 두 가지 측면에서 첫 번째 인터뷰와 매우 다를 것이다. 먼저, 15번째 인터뷰 대상자는 정확하게 맞추어진 타깃이다. 이들이 해당 주제에 대한 전문가로서 정확하게 맞추어진 타깃이 되는 이유는 모든 인터뷰 마지막에 인터뷰 진행자들은 그들이 대화를 나누어야 할 다른 사람들에 대해 질문하기 때문이다. 이들이 대화를 나누는 처음 3명의 사람은 딱 맞는 사람들은 아니지만, 그 주제를 이야기하기에 더 적합한 사람이 누군지 정도는 알 수 있을 정도로 근사치에 있는 사람들이다.

몇 번 인터뷰를 더 진행하고 나면 그 이전 전문가 그룹으로부터 더 많은 추천을 확보하게 되고 결국에는 그 주제를 처음부터 끝까지 잘 아는 전문가와 이야기를 하게 될 것이다. 또 한 가지 다른 점은, 5주 정도 인터뷰를 진행하다 보면 진행자들도 적절한 질문을 한다는 면에서 더 똑똑해진다는 사실이다. 따라서 최고의 인터뷰는 항상 마지막 몇 인터뷰의 마지막 순간에 찾아온다.

초기 인터뷰에서 얻은 정보도 전혀 가치가 없

는 것은 아니다. 이는 확인의 한 과정, 즉 요점이 얼마나 자주 드러나는가에 관한 것이기 때문이다. 마지막으로 인터뷰한 사람은 이러한 정보나 통찰력을 맥락에 맞게 배치하는 사람이라 할 수 있다.

인터뷰가 모두 제각각이라면 패턴을 포착하기는 어렵다. 이는 좋은 인터뷰를 하기 위해 갖추어야 하는 또 하나의 기술인 핵심 사항들을 종합하는 기술의 중요성을 강조한다. 나쁜 인터뷰였음을 알려주는 증상은 인터뷰 진행자가 인터뷰 후 며칠 동안 메모를 검토하지 않을 때, 그리고 나머지 한 명이 메모를 하지 않았을 때 드러난다. 이런 인터뷰는 김이 빠져 버리게 되고 가장 강력한 통찰력을 놓치기 쉽다. 아무리 방대한 메모가 있다고 할지라도 인터뷰를 끝낸 즉시, 여전히 인터뷰의 여운이 남아 있을 때 그들이 들은 것, 통찰력과 느낌 등을 적는 것은 훌륭한 인터뷰 진행자에게 주어지는 의무다.

인터뷰가 끝날 때마다 모든 메모는 5개의 핵심

사항들로 시작하는 문서로 정리된다. 일주일에 한 번, 팀은 지난주에 진행했던 3~4개의 인터뷰에 대해 브레인스토밍을 한 후 지난주에 파악된 모든 통찰과 비교한다. 그리고 이는 3개의 카테고리, 즉 극도로 중대, 매우 중대, 중대로 나누어진다. 나머지는 배경 정보가 되거나 아니면 단순히 상관없는 정보가 된다. 따라서 매주 이들은 이 각각의 카테고리에서 단 3개의 통찰력만 얻으려고 애쓰는데 이는 다소 억지처럼 보일 수도 있지만 종합 정리를 밀어붙여 준다. 컨설팅이 끝날 시점에 이들은 클라이언트에게 이 3개의 통찰력을 다룰 필요가 있다고 말하고자 하는 것이다.

스캇은 인터뷰 질문을 재검토하는 것을 디자인 씽킹의 반복 프로세스와 동일시 한다. 매주 클라이언트와 연락을 할 때 이들은 그동안 파악한 것을 요약해 주고, 클라이언트는 그 이슈에 대해 충분히 알게 되었으니 다음 이슈로 넘어가도 된다고 말하기도 한다. 이런 의미에서 이는 반복적이다. 클라이언트는 매주 이전 인터뷰 결과를 바탕으로 한 주제에 대해 더 깊이 파고 들면서 반복할 것을 지시하거나 새로운 것으로 전환하라고 지시할 수 있다. (그림 5.6)

그림 5.6 지난 인터뷰 결과를 바탕으로 더 깊게 캐묻거나 다른 이슈로 전환하기 위한 새로운 인터뷰 질문을 개발하는 것은 디자인 씽킹의 반복적 프로세스와 매우 유사하다.

인터뷰 대상자에게 시간을 내준 데 대해 감사를 표하는 것은 매우 중요하다. 클라이언트의 허락 하에 서치라이트는 예의상 그들과 이야기를 나눈 각 사람에게 인터뷰를 통해 발견한 주요 사항에 대한 요약본을 (사례비 대신) 제공한다. 이들은 보통 인터뷰를 30분으로 제한한다. 그리고 마지막으로 이들은 반드시 인터뷰를 정중하게 마무리하고 인터뷰 대상자에게 후속 인터뷰가 가능한지를 묻는다. 보통의 반응은 시간을 좀 더 내겠다거나 이메일로 추가 질문을 받겠다고 하는 것이다.

6장.
건강과 과학

문제 해결의 과정은 그 결과 못지않게 창조적이고 독특할 수 있다. 다음에 나오는 예들은 탁월한 결과를 낸 디자인 씽킹을 광범위하게 해석하는 데 초점을 맞추고 있다.

토머스제퍼슨대학*Thomas Jefferson University*의 시드니 키멜 의과대학*Sidney Kimmel Medical College* 의료 디자인 학부의 학과장인 피터 로이드 존스*Peter Lloyd Jones* 박사는 다음과 같이 주장하며 의학과 디자인 분야에서 최근 융합이 진행되고 있다고 말한다.

"의사들이 디자이너의 시각으로 세상을 볼 수 있도록 훈련한다면 그들의 임상 기술과 공감 능력이 향상될 것이다."

다음에 나오는 이야기 중 하나는 본 쿠*Bon Ku* 박사의 지도하에 제퍼슨의 의과대학 학생들이 수행한 몇몇 디자인 프로젝트를 간단히 요약한 것이다.

의료 전달 체계

우리를 비롯한 많은 사람은 디자인 씽킹이 의료 전달 체계를 개선하고, 미래 의료인을 양성하며, 환자와 의료인들 모두를 위한 경험을 향상하는 강력한 건강 관리 도구가 될 수 있다고 믿는다.

-본 쿠/의학박사 겸 공공 정책 석사,
아누즈 샤*Anuj Shah*, 폴 로젠*Paul Rosen*/의학박사 겸
공중 보건학 석사 겸 의료관리학 석사

의료, 건강, 디자인 씽킹 사이에는 어쩌면 강한 관련성이 있다. 의료, 그중에서도 특히 도시의 응급 의학은 매우 짧은 시간 안에 다변량의 문제들을 이해하고, 그런 다음 또 한 번 아주 짧은 시간 안에 장단기적 솔루션을 디자인하고 실행하고 평가하는 것에 관한 문제다. 개념적으로 이는 디자인 씽킹이 이 영역에서 창조적으로 문제를 해결하는 데 기여할 수 있다는 것을 시사하는 설명이다.

미국의학협회*American Medical Association(AMA)*의 〈저널 오브 에틱스*Journal of Ethics*〉는 최근 의료 지원 취약층을 돌보는 의료인들은 해당 환자가 드러내지 않은 니즈를 가지고 있다는 사실을 인식하는 능력을 보유하고 있어야 하며, 지역의 전염병 요소를 인식해야 하고, 지역 사회의 자원에 대한 지식을 가지고 있어야 하며, 그 환자를 위한 옹호자의 역할을 기꺼이 떠맡을 각오를 할 수 있어야 한다고 말한다. 다른 필요 기술로는 다른 문화권에서 온 환자들과 소통할 수 있는 능력과 다른 언어를 말할 수 있는 능력도 포함된다.

다시 말하지만, 위에서 말한 것이 디자인 씽킹의 몇몇 근본적인 요소들에 부합해 보이지 않는가?

이러한 창조적 요소의 특징은 전통적인 디자인 특징과는 매우 다를 수 있고, "기술*art*"이 미치는 영향은 확실히 같지 않지만 그 도전들은 불가사의할 정도로 유사하다.

그러한 유사성에 대한 또 하나의 예는 위스콘신대학교 의학 및 공중 보건 학교*University of Wisconsin School of Medicine and Public Health*의 도시 의료 프로그램*Urban Medicine Program*에서 찾을 수 있다. 이들은 디자인 씽킹을 주축으로 하는 도시 디자인 프로그램에 적용할 수 있을 만큼 쉬운 학습 목표를 개발했다.

- 의료 형평성을 추구하고 건강 불균형을 감소시키기
- 지역 사회 자원에 접근하기
- 문화적 소양을 함양하기
- 지역 사회에 참여하기
- 지역 사회 기반의 공공 보건 프로젝트를 개발, 수행하고, 동정심을 유지하며, 건강을 증진하고, 탄력성을 확보하기

본 쿠 박사 외 연구자들은 이러한 일반적인 유사성과 적합성을 더욱 작동시킨다. 본 쿠 박사는 응급의학과 의사이자 필라델피아 주에 있는 토머스제퍼슨대학의 시드니 키멜 의과대학의 부교수로, 이곳에서 그는 의학 전공생들에게 디자인 씽킹을 가르치고 있으며, 의과대학에서 진행하는 디자인 프로그램의 책임자로 있다. 이 프로그램은 의대 4년 기간에 모두 적용되는 디자인 커리큘럼을 개발한

것으로는 미국에서 최초다.

본 쿠 박사가 의대 학생들을 위한 디자인 프로그램을 시작한 이유 중 하나는 현재 의사들은 의료 전달 체계의 맥락 내에서 창조적으로 문제를 해결하는 데 필요한 도구들을 제대로 갖추고 있지 못하다고 믿었기 때문이다. 본 쿠 박사는 오늘날 의료 환경에 존재하는 많은 문제에 대한 전형적인 예로 그가 일하는 응급실을 인용한다. "응급실은 아주 힘들고 사람들이 붐비는 공간이다. 환자들은 스트레스를 받았고 두려워하고 불안해한다. 의료인들도 당혹스러움을 느끼고 스트레스를 받는다." 디자인 프로그램에 참여한 의대생들은 응급실에서의 환자와 의료인의 경험 모두를 개선하기 위한 (여러 가지 프로젝트 중) 일부 프로젝트에 참여한다.

의료 서비스 환경에 디자인 씽킹이라는 개념이 부상하면서 본 쿠 박사는 문제를 만나면 이를 더이상 다루기 힘든 어떤 것으로 보지 않고 의료 전달 체계를 크게 개선할 기회로 본다. 이러한 깨달음이 있기 전 본 쿠 박사는 그를 비롯한 많은 의료인은 다음과 같이 말하며 회의적으로 굴었다고 진술한다. "우리에게는 자원도, 지원도 없다. 그러니 솔루션을 만들거나 이를 개선하는 방법에 대해 생각하거나 브레인스토밍하려는 시도조차 하지 않을 것이다."

디자인 프로세스는 본 쿠 박사의 팀이 브레인스토밍을 위한 안전지대를 확보하고 신속하게 프로토타이핑을 할 수 있는 능력을 갖추도록 만들어 주었다. 실행 가능성에 대해서는 적어도 초기에는 생각하지 않아도 되고, 잠재적인 솔루션을 개발하기 위해 말도 안 되는 독창적인 아이디어를 생각해도 된다는 것이 이들에게 자유를 주었다. 이들은 깨끗한 칠판을 앞에 두고 동료들이나 학생들과 편안히 앉아 현재 그들이 직면한 문제들에 대한 해결을 시도할 기회를 즐긴다.

최근 한 팀은 제퍼슨의 가정의학 진료과의 외

래 환자 서비스를 어떻게 개선할 수 있을 것인지에 대해 조사했다. 이곳은 한 해 8만 명이 넘는 환자들이 찾는 미국에서 가장 바쁜 의료 기관 중 하나다. 본 쿠 박사의 팀은 그곳에서 일하는 의료인들의 어려움을 완전히 이해하기 위해 그들과 디자인 워크숍을 시작했다.

여기서 발견한 한 가지 이슈는 약속된 예약 시간보다 15분 늦게 나타난 환자들로 인해 의료인들이 받는 스트레스로, 여전히 다른 환자들도 봐야 하기에 그날 나머지 시간 내내 모든 다른 환자들을 보는 시간이 예약 시간보다 늦어진다는 점 때문이었다. 일상적으로 할 수 있는 조치들, 즉 환자들에게 다음 예약 시간을 적은 쪽지를 주거나 예약 시간 안내 전화를 하는 것과 같은 방법들은 확실히 효과를 나타내지 못했다.

팀은 환자들이 예약 시간에 맞게 도착할 수 있는 것을 돕는 방법을 생각했다. 이들은 환자들과 의료인들을 인터뷰하고 잠재적인 솔루션에 대한 프로토타입을 생각하고 테스트 버전을 제작했다. 그리고 스토리보드 제작 기법을 사용하여 환자들에게 예약 시간 전 여러 번의 다른 시간대에 메시지를 보내 예약 시간을 상기시켜주는 앱을 제안했다. 이 팀은 완전히 새로운 무언가를 창조한 것이 아니었다. 같은 업무를 수행할 수 있는 기존 플랫폼이 존재했다.

그러나 환자들과의 인터뷰를 통해 그들에게 사전 알림 메시지가 짜증스럽게 인식되지 않고 효과를 발휘할 수 있는 최적의 시간대가 있음을 알아낼 수 있었다. 이 팀은, 문자 메시지를 받을 수 있는 스마트폰을 갖고 있는 90퍼센트의 환자들을 위한 간단한 메시징 앱을 통해 가정의학과에서 즉각적으로 실행할 수 있는 솔루션을 제안하는 데 성공했다.

의대생들이 참여한 또 하나의 최근 프로젝트로는 환자들이 갑자기 아플 때, 즉 복통이 찾아오거나 며칠간 고열에 시달릴 때 어떻게 의료 시스템을 사용하고 있는지, 치료를 향한 길이 어떠한지에 대한 여정 지도를 만드는 것이 있다. 의대생들은 이 문제에 집중하여 필라델피아 시민들을 인터뷰했다.

이 인터뷰를 통해 각기 다른 환자 유형에 대한 프로필이나 개성을 찾을 수 있었다. 한 가지 예를 보자. 두 아이를 둔 한 부모 가정의 엄마에게는 자신이 갑자기 아플 때 찾을 수 있는 의료 서비스에 대한 선택권이 제한적이다. 종일 근무를 하는 정규 직원인 그녀는 하루 휴가를 내는 것을 원치 않으므로 주로 근무 시간이 아닐 때 응급실을 찾았다.

이 팀의 프로젝트를 통해 거둔 한 가지 성과는, 환자들이 의료 서비스에 접근하는 많은 다양한 방법들을 설명하는, 계획에 없던 급성 치료를 시간순으로 기록하는 "에코시스템*ecosystem*" 앱을 개발한 것이었다. 이는 "최종 사용자"를 이해하기 위한 행동이었다. 의료인들은 예약 시간에 나타나지 않는 환자들을 규정을 위반하는 사람으로 묘사한다. 의료인들은 치료 계획을 세울 줄은 알지만, 종종 이들의 진료와 관련된 사회적 결정 요인들을 모두 이해하지는 못한다.

즉, 의료인들은 환자를 진정으로 이해하지 못하고 치료 계획도 그들의 맥락에 구체적으로 맞게 만들지 못하는 것이다. 이는 의대생들에게 있어서는 너무 뻔하기도 하지만 맥락에 대한 이해를 돕는 깨달음이었다. 즉, 모든 환자가 다 같지 않다는 사실이다. 환자 치료 계획은 "디자인"되어야 한다. 디자인 씽킹의 핵심 요소인 "최종 사용자"에 공감하는 것은 개별 환자들을 위한 더 훌륭한 치료 계획을 세우는 것으로 이어진다.

현재의 의료 교육에서 환자는 의료진이 처방한 계획을 충실히 지키지 않을 때 규정 위반자라는 낙인이 찍혀 비난을 받는다. 특히 의대 재학 초반에 환자에 대해 더 깊은 이해를 이해함으로써 학생들은 공감 능력을 더욱 잘 개발할 수 있을 것이며 이는 궁극적으로 더 나은 의료 서비스로 이어질 것이다.

본 쿠 박사가 디자인 씽킹의 진가를 인정하는 이유는, 제품 디자인 및 서비스 시장에서 전통적으로 작동해 왔던 명확한 방법론을 가지고 있기 때문이다. 그는 디자인 씽킹이 의료인들과 학생들에게 있어 환자 서비스 개선을 논의하기 위한 효과적인 수단이 될 수 있다고 믿는다. 그는 다음과 같이 단호하게 말한다. "디자인 씽킹은 우리가 사용하고 있는 표준 알고리즘을 더욱 상세하게 만들어 준다."

암 치료를 위한 디자인적 접근

과학자들이 암에 대해 더욱 지식을 얻을수록 그들의 적은 더욱 다양해지고 애를 태운다.

-제롬 그루프먼

수많은 별이 반짝이고 아름다운 사람들이 가득한 파티와 이벤트에서 우리는 끊임없이 "암에 대한 전쟁"에서 승리했음을 선언한다. 그러나 이 만만찮은 병리 현실의 전체적인 질병률과 사망률 데이터를 면밀히 살펴보면 다른 그림이 보인다.

최신 과학과 기술의 발전, 암의 조기 발견과 공격적이고 다차원적인 개입, 무엇을 먹고/무엇을 마시고/어떻게 운동해야 하는가에 대한 권위 있는 알고리즘, 대학 실험실에서 일어나는 일을, 흥미로운 일상이나 사람에 관한 이야기를 다루는 〈피플매거진People Magazine〉의 가벼운 기사들처럼 설명할 의도로 만들어진 치료 웹사이트, 이 모든 것이 갖춰졌어도 현재의 의료 현실은 이렇다. 암에 걸린 사람은 기본적으로 몇십 년 전과 같은 속도로 사망하고 있고 그때와 다를 바 없이 피할 수 없는 결과를 맞이하고 있다. 따라서 최우선으로 제기해야 하는 질문은 우리가 무엇을 다르게 해야 하느냐다. 최근의 접근법들을 보면, 과학적인 창조성과 용기가 가미된 디자인 씽킹이 몇몇 필사적으로 간절한 해결책들을 제공할 수도 있다는 것을 알 수 있다.

> 디자인 씽킹 과정에서 질문을 재구성하는 것은 새로운 문제 검토 방식을 장려하는 또 하나의 전술이다.

암을 근절한다는 것은 온통 복잡한 문제들로 가득 찬 세계를 드러내는 것이다. 전통적인 치료 방법으로는 여러 가지 화학 요법과 수술, 방사선 치료, 나노 약물 전달 시스템, 유전자 조작 또는 면역 조작 등이 있다. 이러한 치료들의 목표는 암세포를 파괴하거나 제거하는 것이다. 종종 인상적인 결과를 가져다주기도 하지만 이러한 치료들은 항상 장기적인 차도를 보증하는 것은 아닌 데다 많은 치료법에는 커다란 부작용도 따른다.

질병에 대한 새로운 치료 방법을 상세히 설명

하는 것은 가장 근본적인 어려움으로, 이 경우의 디자인 문제라 할 수 있다. 영감은 어디에서든 올 수 있다. 관련이 없는 분야에서 올 수도 있는데 이로 인해 우리는 문제들을 신선한 시각으로 검토할 수 있게 된다. 그러면 우리는 새로운 정보, 생각, 다음 번 루프를 위한 질문들을 도출하기 위해 아이디어를 반복 루프에 통과시키면서 보강한다.

디자인 씽킹 과정에서 질문을 재구성하는 것은 새로운 문제 검토 방식을 장려하는 또 하나의 전술이다. "암세포를 효과적으로 파괴하거나 제거하는 또 다른 창조적인 방법이 있을까?"라는 질문 대신 우리는 "주어진 이 사례에 있어 질환의 차도를 위한 색다르고, 어쩌면 더 나은 수단이 있지는 않을까?"라는 질문을 해볼 수 있다. 질문을 분명하게 정리하는 것은 이러한 질문들이 유익한 방향으로 이어지느냐의 여부와 상관없이 극도로 중요할 수 있다. 올바른 질문을 제기하는 것은 창조적인 대답을 유도

하기 위한 과정에서 큰 가중치가 매겨질 수 있는 디자인 씽킹의 구성 요소 중 하나다. 그리고 잠재적으로 가장 혁신적인 대답을 끌어내기 위해 직관에 어긋날 수도 있는, 혹은 전적으로 특이할 수도 있는 질문을 하는 것도 염두에 둘 필요가 있다. (그림 6.1)

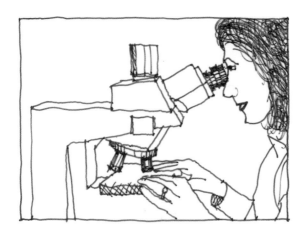

그림 6.1 질문을 재구성하는 것은 솔루션을 찾기 위한 새로운 방향성에 빛을 비추어 줄 수 있다. 예를 들어, "암세포를 효과적으로 파괴하거나 제거하는 또 다른 창조적인 방법이 있을까?"라는 질문 대신 우리는 "주어진 이 사례에서 질환의 차도를 위한 색다르고, 어쩌면 더 나은 수단이 있지는 않을까?"라는 질문을 해볼 수 있다.

솔루션으로 이어진 새로운 길에 대한 가능성, 즉 성공을 가정하는 것과 같이 긍정적이고 자신 있는 태도를 함양하는 것은 디자인 씽킹과 일의 진척에서 핵심적이다. 때때로 우리는 불가능한 것을 해내고 혁신을 이루기 위해 불가능한 것도 할 수 있다고 믿어야 한다.

자신감 있는, 그리고 혁신적인 사고를 보여주는 한 가지 사례가 암세포를 파괴하는 것이 아니라 변형시키는 접근법이다. 제롬 그루프먼*Jerome Groopman* 박사는 2014년 9월 15일 판 〈뉴요커*The New Yorker*〉 잡지에 "변형*The Transformation*"이라는 제목의 흥미롭고 새로운 연구에 관해 설명한 바 있다. 그루프먼은 (비타민A와 관련이 있는) 레티노산으로 치료하는 몇몇 유형의 암세포는 건강한 성숙 세포로 변형될 수 있다고 설명한다. 오늘날 의료 현장에서는 이 방법을 공격에 취약해진 성숙 세포를 파괴하는 2차 약제와 함께 혼용한다.

원래 이 아이디어는 공자에게 영향을 받은 상하이에 있는 한 연구자에 의해 개발되었다. 사람들을 지휘하기 위해 법률을 사용하고 통제하기 위해 처벌을 사용하면 사람들은 그저 그 처벌을 모면하려고 노력할 것이며, 그것이 부끄러운 것이라 느끼지도 않을 것이다. 그러나 덕(德)으로 사람들을 인도하고 의례(儀禮)로 그들을 통제한다면 부끄러움과 정의감을 느끼게 될 것이다.

이렇게 자신의 분야와 관련이 없는 영역에 있는 의외의 출처에서 빅 아이디어에 대한 창조성의 도화선을 찾을 수 있다. 그루프먼은 다음과 같은 비유를 만들어 낸 그 연구자를 인용해서 이렇게 말했다. "암세포가 우리 몸에서 '나쁜' 사회적 행동을 하는 요소로 여겨진다면 이러한 요소들은 죽이는 것보다 '교육'을 시키는 것이 훨씬 더 좋은 솔루션이 될 수 있다." 연구자들은 실제로 몇몇 암의 경우 암세포를 파괴하지 않고, 암의 주기를 통제하고 정상화하며 환자를 치료하는 새로운 전략을 지속적으로 보강하고 있다.

물론 구체적이고 과학적인 치료 계획은 여기에서 제시된 것보다 훨씬 더 복잡하고 제각각이지만, 여기서 말하고자 하는 요점은 생각하는 방식을 다르게 함으로써 얼마나 과감하고 새로운 아이디어가 도출될 수 있는지를 보여주고자 하는 것이다.

7장.
법률

법률가이자 건축가였던 (그리고 그 밖의 다른 분야 역시 섭렵했던) 토머스 제퍼슨*Thomas Jefferson*은 미국 대통령 중에서도 독특한 인물이었다. 제퍼슨도 독립 선언서를 작성하거나 대통령으로서 글을 쓰는 데 있어 디자인 기술을 적용했을까? 우리가 이를 알 방법은 절대 없겠지만 어쨌든 오늘날에는 디자인 씽킹이 법률 업무 과정에서 발생하는 상황들을 다루는 방식에 큰 도움을 준다고 믿는 변호사들이 많다.

　다음의 두 가지 이야기는 변호사들이 어떻게 디자인 씽킹을 매우 신선하고 독특한 방식으로 적용할 수 있는지를 설명한다. 한 가지 방법은, 클라이언트의 말을 액면 그대로 받아들이기보다는 디자인 씽킹을 사용하여 궁극적인 문제나 이슈를 식별하는 데 도움을 받는 것이다.

디자인 씽킹이 창조적인 사고를 위한 자극제가 될 수 있도록 하는 또 하나의 방법은 대안들을 개발하고 클라이언트를 그 각각의 대안들에 대한 장단점을 논의하는 데 참여시킴으로써 본질적으로 더 깊은 사고를 하도록 만드는 것이다. 그리고 마지막으로, 모든 종류의 상황에 대한 법적 토대를 구축할 때 "빅 아이디어"의 본질을 어느 정도 유지해야 할 필요가 있다는 생각을 절대 망각하지 않는 것이 매우 중요하다.

문제 정의

> 법률적 맥락에서의 디자인 씽킹은 문제 해결 못
> 지않게 문제 정의에 관한 것이기도 하다.
>
> -찰스 R. 호이어

찰스 호이어*Charles R. Heuer*는 미국 버지니아주 샬러츠 빌*Charlottesville*과 매사추세츠주 케임브리지 *Cambridge*에 기반을 둔 호이어 법률 그룹*The Heuer Law Group*의 대표이자 미국 중재 협회*American Arbitration Association*의 조정관이다. 찰스에 따르면 변호사들은 가끔 너무 융통성 없는 방법론을 채택한다고 한다. 예를 들어, 클라이언트가 소송을 원한다고 할 때 변호사들의 전형적인 반응 순서는 이렇다: 고소장 준비하기 ⋯▸ 관련 당사자들 결정하기 ⋯▸ 모든 범법 가능성 생각하기 ⋯▸ 이 모든 것을 진행하기. 이러한 접근 방식으로 인해 발생하는 비용은 엄청나지만, 상대적인 수익은 최소한의 수준에 지나지 않는다. 변호사들은 보통 구분을 두지 않는다. 클라이언트들은 5달러짜리 문제를 지키기 위해 50달러를 써야 할 수도 있다.

또 하나의 시나리오는 좋은 결과가 나올 것 같지 않다는 것을 깨달은 후 수임을 종료하기로 결정을 내리는 것인데, 이때는 이미 법률 서비스에 상당한 비용을 투자한 후다. 비판적인 사고와 식별력은 자금을 소모한 이후부터가 아니라 처음부터 개입되어야 한다. 그렇지 않다면 잘못된 문제를 멋들어진 솔루션으로 만드는 결과를 낼 수 있다.

찰스는 많은 변호사가 다른 접근법, 어쩌면 더욱 생산적인 접근법에 대해서는 생각하지 않는다고 믿는다. 일반적인 또는 예상된 프로토콜을 따르는 것(위에서 말한 융통성 없는 방법론을 적용하는 것) 대신, 찰스는 맥락에서 한 걸음 뒤로 물러나 그 상황과 정황을 깊이 생각할 것을 권한다. 그는 계속해서 이렇게 말한다. "법률적인 맥락에서의 디자인 씽킹은 문제 해결에 관한 것만큼이나 문제 정의에 관한 것이다." 그러므로 사실상 그 맥락에 훨씬 더 적합할 수도 있는, 드러난 문제를 대체할 수 있는 다른 문제들을 식별하는 것이 우선순위가 되어야 한다.

클라이언트가 문제를 제시할 때 즉각적인 처음 반응은 "그것이 진짜 문제입니까? 그 문제가 사라지도록 우리가 해결해야 하는 다른 문제는 없습니까?"가 되어야 한다. 찰스는 가장 적절한 솔루션을 찾기 위해서는 문제를 질문하라고 간곡히 권한다. 클라이언트가 말한 것을 되돌아봐야 한다. 다른 각도에서 보고 이를 평가한 후 진행하거나 포기해야 한다. 가장 강력한 솔루션은 잡음을 배제하고, 혼란을 피할 수 있는 것이고, 의심이나 오해로 인해 손상되지도 않는다.

다시 말해 문제를 액면 그대로 받아들이지 말고 이의를 제기해야 한다. 진짜 문제가 그냥 처음에 제시된 그 문제로 판명되고 마는 수도 있지만 어떠한 경우라도 상술한 문제를 주어진 채로 받아들여서는 안 된다. 문제를 제대로 받아들이기 위해서는 그 맥락을 포괄적으로 이해하려고 노력하는 데 집중하라. 예를 들어 건축의 경우, 우리가 찾는 정답이 반드시 새로운 건물을 짓는 것이 아니라 기존 공간을 더욱 효율적으로 리노베이션하거나 공간 사용 계획을 다르게 짜는 등의 솔루션이 있을 수 있다.

진짜 문제를 발견하기 위해서는 캐묻는 질문을 던져라. 자연스럽게 회의적인 입장을 가지고 모든 것을 반신반의하며 받아들여야 한다. 영감을 얻기 위해, 해당 문제와 겉으로는 상관없어 보이는 것을 보기 위해 열린 마음을 유지하라. 연관성을 찾도록 하라. 예를 들기 위해 찰스는 한 소송 사건을 다음과 같이 인용했다. 계단에서 굴러떨어진 어떤 여성이 [법정에서 진술하는 동안] 피고 측 변호사에게 자신의 딸은 그때 결혼식을 하고 있었다고 언급했다.

겉보기에는 관련이 없는 것 같은 이 사실에서 눈치를 채고 계단에서 굴러떨어진 이 여성이 사건 발생 후에도 결혼식 연회에서 춤을 추고 있었던 비디오를 공개했는데, 이 비디오는 그 여성이 자기 주장만큼 다치지 않았음을 보여주는 충분한 증거가 되었다.

찰스는 디자인 씽킹의 반복 프로세스에 대해 대단히 흥미로운 견해를 가지고 있다. 즉 대화를 반복으로 보는 것이다. 대화는 반복 루프의 일부다. 핵심 이슈에 도달하기 위한 수단으로 몇 번에 걸쳐 전후좌우로 대화를 나누어야 한다. 이렇게 우리는 더 많은 깨달음을 얻을 수 있고, 연속적인 루프에 대한 더 큰 이해를 통해 사건을 개선할 수 있다.

상대방과 생산적인 대화를 시도하는 것은 매우 중요하다. 어떤 입장에 들어있는 근본적인 관심을 파악하라. 이를 파악하는 한 가지 방법은, 상대도 마음을 열 것이라는 기대를 하면서 어떤 입장에 관련된 우리의 관심사를 설명하는 것이다. 대화에 시동을 거는 행동을 모델화하라. (또는 상투적인 말이지만 뭔가를 얻으려면 뭔가를 내어주어야 한다는 말을 따르도록 하라.)

대안과 빅 아이디어

시각적 사고의 힘은 엄청나다.

대안이라는 개념은 디자인 씽킹에서 매우 중요한 부분이다.

한 걸음 뒤로 물러나 자기 자신에게 빅 아이디어가 무엇이냐고 묻는 것, 우리가 하는 일에 대한 핵심 기준이 무엇이냐고 묻는 것은 디자인 씽킹의 주요한 부분이다.

-제이 웍커샵

제이 워커샴Jay Wickersham은 매사추세츠주 케임브리지시에서 유명한 인물로 노블, 워커샴 & 하트 *Noble, Wickersham & Heart* LLP의 대표 변호사 중 한 명이다. 제이는 하버드에서 법학과 건축학 학위를 모두 취득했다.

제이에게 있어 디자인 공부는 세 가지 방식으로 도움이 되어왔다. 하나는 아주 많은 다양한 출처들로부터 습득된 다양한 정보들을 종합하는 방식이다. 디자인 씽킹은 더 넓은 시각을 가질 수 있도록, 그리고 우리가 문제라고 생각하는 것의 경계 너머에 있는 것들을 볼 수 있도록 우리를 훈련하는 데 있어 매우 강력하게 작용한다. 갖가지 다양한 출처로부터 정보와 지식을 끌어모아야 한다.

이러한 의미에서 디자인 교육은 법률 교육과는 꽤 대조적이다. 법률 교육에서는 사물을 배제하고, 문제를 계속 좁히고, 한 두 가지 핵심적인 법적 요점을 중심으로 하는 결론을 내림으로써 나머지 것들은 관련 없는 것으로 기각하도록 교육한다.

반대로 디자인 씽킹은 우리에게 최대한 넓은 시각을 가지고 우리가 모은 정보들을 통합하는 방법을 찾으라고 규정한다. 이 점과 관련하여, 건축에서는 다른 사람들의 관점과 전문성을 존중하게 된다. 건축가들은 방대하게 주어지는 다양한 분야의 조언들을 조정해야 하는 독특한 책임을 갖는다. 그리 크지 않은 보통 규모의 프로젝트의 경우 건축가들은 10명에서 30명 혹은 그 이상에 이르는 다른 분야의 컨설턴트들과 일해야 할 수 있는데, 이들 모두는 자신의 분야에 관해서는 그 건축가보다 그 프로젝트에 대해 더 많은 것을 아는 사람들이다.

도급업자들의 경우도 마찬가지다. 하도급 업자들이나 공급업자들도 건축가보다 그 건물의 특정 부분에 대해서는 더 많은 지식을 가진 사람들이다. 따라서 건축가의 과제는 이러한 전문 지식을 얻고 이를 저울질해 보며 하나의 특정한 정보를 나머지 다른 정보들과 어떻게 조정할 것인가를 파악하는 것이다.

　다음은 제이가 법조 업무를 통해 이를 어떻게 작동시켰는지를 보여주는 예다. 제이의 법률 사무소는 소유권 이전에 대한 업무를 많이 맡았다. 즉, 건축 회사들을 도와 그들이 회사를 재편성하고 차세대 인물들이 전면에 나와 책임을 맡아 궁극적으로는 경영권을 승계할 수 있도록 하고 있다. 이 업무의 법률적인 부분은 반드시 재정적인 면과 함께 진행된다. 따라서 이들은 승계 프로젝트를 수행할 때마다 항상 회계사들과 매우 밀접한 파트너십 관계를 유지한다.

　제이는 회계사가 세금 문제는 물론 그 회사의 재정에 관한 전문적인 지식을 가지고 있다는 사실을 매우 잘 안다. 제이가 해야 하는 일은 이해를 하고 적절한 질문을 던지는 것이다. 때때로 제이는 자신이 통역가가 되어야 한다는 사실을 깨닫는다. 제이는 클라이언트들에게 회계사들이 말하는 것을 설명한다. 그는 클라이언트의 말을 단순한 언어로 표현한다. 제이의 역할은 이러한 정보를 모으고, 종합하며, 이 정보를 해석해주는 것인데 그는 이 일을 일상적으로 수행하고 있다.

> 시각적 사고의 힘은 엄청나고 모든 사람에게 도움이 될 수 있는 잠재력을 가지고 있다.

디자인 씽킹으로 얻을 수 있는 또 하나의 귀중한 기술은 그래픽적이고 시각적으로 생각하고 커뮤니케이션할 수 있는 능력이다. 이는 엄청나게 정교한 3D 모델링이나 렌더링rendering 등과 같은 것을 의미하는 것은 아니다. 오히려 아주 단순한 종류의 그림이나 도표에 관한 이야기다. 제이가 중요하다고 믿는 일 중 하나는, 가능한 한 법률 정보를 차트나 그림이나 도표와 같은 그래픽 형태로 해석하는 것이다. 이는 비전문적인 청중들에게 간단하고 직설적인 방법으로 복잡한 정보를 활용하고 제시하는 방법이다. 시각적 사고의 힘은 엄청나며 모든 사람에게 도움을 줄 수 있는 잠재력이 있다. 제이는《정보의 시각화*Envisioning Information*》,《아름다운 증거 *Beautiful Evidence*》,《시각적 설명*Visual Explanations*》등 정보 디자인에 관한 여러 저서를 집필한 에드워드 터프티*Edward Tufte*의 엄청난 팬이다. (나는 이러한 다이어그램 만들기가 청중이나 독자에게만 도움이 되는 것이 아니라 잠재적인 솔루션을 생각해 내야 하는 디자인 씽커들에게도 도움이 된다는 말을 덧붙이고자 한다. 이 점에 대한 상세한 내용은 1부를 참조하라.)

제이가 파악한 디자인 씽킹과 관련해 엄청나게 중요한 두 번째 부분은 대안이라는 개념이다. 자신이 낸 아이디어 하나와 사랑에 빠져서는 안 된다. 5개의 아이디어는 더 만들어야 한다. 분쟁을 해결하는 방법을 찾는 것이든, 복잡한 글로벌 프로젝트에 대한 계약서의 틀을 잡는 것이든, 아니면 소유권 이전에 관해 생각하는 것이든, 제이는 항상 그의 클라이언트들에게 대안을 제공하고자 노력한다. 물론 제이 역시 자신이 선호하는 안에 대한 생각은 있지만, 그것 또한 클라이언트와 논의해야 하는 것이다.

> 사람들의 토론을 최대한 이끌어내는 방법의 일환으로 대안적인 접근법들을 제시한다.

여러 가지 옵션이 있을 경우, 최종적인 솔루션이나 계획 혹은 대안은 대개 각각의 옵션으로부터 요소들을 빌려온 것이다. 제이의 법률 사무소에서는 사람들이 "옳은" 대답을 가지고 있는 것처럼 굴지 않는다. 가능한 한 사람들은 토론을 끌어내는 방법의 하나로 (그림 7.1) 대안적인 접근법들을 제시하는데, 이는 대개 여러 대안 중에 가장 나은 대안

을 확보하는 결과로 이어진다. 그리고 이는 사람들
이 그 안을 지지할 수 있도록 합류시킬 것이다.

그림 7.1 사람들의 토론을 최대한 끌어내는 수단으로써 대안들을 (각 대안들의 장단점과 함께) 제시하고 더 나은 솔루션을 찾아라.

제이는 사람들에게 여러 다른 옵션들이 있다는
느낌을 준다면, 그들은 반드시 한 가지를 해야 한다
는 압박을 받지 않을 것이라 믿는다. 이들은 장단

점에 관한 대화를 나누는 데 있어 훨씬 더 수용적인 자세를 취한다. 한 가지 옵션에 대해 확고한 견해를 가지고 있다면, 누군가에게 왜 이 옵션이 다른 옵션만큼 강력하지 않은지를 보여주어야 할 때 상대를 설득하기가 더 쉽다.

이제 제이에게 디자인 씽킹이 그토록 중요한 이유가 되는 디자인 씽킹의 세 번째 방식을 살펴보자. 디자인 씽킹 프로세스는 반복적이다. 이는 디자인 씽킹에서 가장 중요한 원리이다. 디자인 씽킹 프로세스는 개념적인 단계에서 시작해서-이는 대안들에도 마찬가지로 적용되지만-점점 좁혀진다. 제이는 계약서나 일종의 법률 합의안들을 준비할 때 건축의 비유를 든다. 즉, 건축에서는 콘셉트 디자인을 하기 전에 그리고 클라이언트가 바로 실시 설계로 들어가라고 요구하기 전에 실시 설계로 바로 들어가지는 않는다. 콘셉트 디자인이 먼저 완성되고 다음 단계에서 이를 구체화하며 그런 후 실질적인 계약으로 들어갈 수 있다.

우리가 전문가(예: 변호사)일 경우 클라이언트는 우리가 곧장 최종 결과물을 만드는 일에 착수할 것이라고 가정할 위험이 있다. 디자인 씽킹에서는 개념적으로 먼저 시작하고 더 세부적인 내용을 보강하면서 더 구체화한다. 규모가 점점 커질수록 우리는 완전히 새로운 이슈들과 씨름할 수밖에 없는 상황이 발생한다. 이 모든 반복과 규모의 확대를 거치는 동안 우리는 항상 그 디자인이나 빅 아이디어에 대한 일종의 본질을 유지하려고 노력해야 한다는 점을 반드시 유념해야 한다. 이는 하나의 프로세스나 최종 결과물을 위한 훌륭한 모델이다. 제이는 모든 종류의 맥락에 대한 법적 토대를 구성할 때 이점을 염두에 둔다.

분쟁을 해소하는 것과 관련하여 이야기하자면, 전통적인 중재 기술은 합의점을 찾는 것이다. 합의의 영역에서 시작하고 불일치가 있으면 이를 안건으로 올린다. 합의된 영역이 일단 정해지면 이는 사람들이 함께 일하기 위한 기반이 된다. 이는 하나의 솔루션이나 프로젝트의 "디자인"을 만들어내기 위한 훌륭한 전략이다.

무엇이 빅 아이디어인지, 우리가 하는 일의 구성 원리는 무엇인지를 항상 묻는 것이 디자인 씽킹의 핵심이다.

디자인을 하다 보면 우리는 어떤 부분들이 작동하지 않는다는 사실을 깨닫게 되는 때가 있다. 그 부분은 잠시 한편으로 치워두고 작동을 하는 부분들만 발전시킨 후 다시 문제 영역으로 돌아가도록 하라. 예를 들어 보자. 제이의 아내는 작가인데 기가 막히게 좋은 자료를 많이 가지고 책을 쓰고 있던 어느 날 그녀는 아직 전반적 구조를 갖추지 못했음을 깨달았다.

그녀는 구성을 위한 맥락이 필요했다. 마침내

제이의 아내는 효과는 있을 수 있지만 확실하지는 않은 아이디어를 내놓았다. 제이는 아내가 그 아이디어를 내용 구성을 위한 장치 또는 기본 구상도로 자유롭게 사용해야 한다는 의견을 제시했다. 최소한 이는 아내가 그 자료들을 통제하고, 그 프로젝트가 어떻게 구성되어야 하는지에 대한 문제로 씨름하는 데 도움을 줄 것이었다. 효과가 있으면 좋고, 효과가 없다면 버리면 그만이지만 그것이 유용한 연습이 되었다는 것만 이해하면 된다.

제이는 한발 물러나 우리 자신에게 빅 아이디어가 무엇이고 우리가 하는 일의 구성 원리는 무엇인지를 묻는 것은 디자인 씽킹의 핵심적인 부분이라고 생각한다.

8장.
글쓰기

빈 종이만 바라보며 생각이 막막해지는 것은 초보 작가나 베테랑을 불문하고 많은 작가가 한결같이 경험하는 일이다. 디자인 씽킹은 영감을 촉진하고, 아이디어의 빗장을 풀어 이를 글로 아름답게 표현하는 것을 도울 수 있다.

디자인 씽킹과 글쓰기에 대한 가장 훌륭하고 가장 도움이 되는 비유 중 하나는 초안(그리고 그 후의 원고들)을 테스팅이나 평가를 위한 프로토타입으로 고려하는 것이다. 이때 비판적인 피드백이, 완전히 다른 방향에서부터 최소한의 수정에 이르기까지 모든 것을 촉발하는 동안 반복 루프는 반복된다.

프로토타입으로서의 초안

초안(또는 프로토타입)을 테스트할 때마다 우리가 다루는 문제를 사실상 바꾸어야 할 수도 있는데, 바로 이 점이 디자인 씽킹을 직선적인 가설 테스팅이나 조사와는 다르게 만드는 부분이다.

-마크 차일즈

마크 차일즈*Mark Childs*는 뉴멕시코대학교의 건축 설계학과 소속 교수이자 부학과장으로, 수상 이력이 있는 6권을 책을 집필한 작가이기도 하다.

마크는 디자인 씽킹의 반복적인 프로세스를- 또는 프로토타이핑으로 이어지는 루프를 반복하는 것을-글쓰기의 근본이 되는 것으로 여긴다. 디자인 씽킹의 언어로 말하면 초안은 평가 대상이 되는 프로토타입이다. 뭔가를 쓰고 나면 여러 단계별로 여러 가지 방식으로 테스트를 한다. 즉 초안을 쓰는 것이다. 예를 들어 신뢰할 수 있는 조언자들과 신뢰가 안 가는 조언자들 모두에게 초안을 피드백을 구할 수 있다. 프로토타입/초안을 테스트하는 또 하나의 방법은 논리적으로 혹은 감성적으로 의미가 통하는지를 확인하기 위해 신중하게 초안을 검토하는 것이다.

나선 모양이 바깥으로 확장되면서 올라가는 형태의 뒤집힌 원뿔을 생각해 보라. 윗부분은 프로토타입이 만들어지는 곳이고 아래로 내려가면서 테스트가 진행된다. 그런 다음 반복된다. 즉, 다시 만들고 테스트를 하는 과정이 계속해서 진행된다. 초안(또는 프로토타입)을 테스트할 때마다 사실상 다루는 문제를 변경해야 할 수도 있는데, 바로 이 점이 디자인 씽킹을 직선적인 가설 테스팅이나 조사와는 다르게 만들어주는 부분이다.

> 글쓰기에 가장 잘 적용되는 디자인 씽킹의 특징은 핵심적인 이슈를 확고히 밝히는 것, 즉 진정한 현안이 무엇인지를 결정하는 것이다.

　마크는 글쓰기에 가장 잘 적용되는 디자인 씽킹의 특징은 핵심적인 이슈를 확고히 밝히는 것, 즉 진정한 현안이 무엇인지를 결정하는 것이라고 믿는다. 어디로 향하는지 모르고서 길을 따라 걷기 시작하는 프로세스의 일부다. 길을 따라가다 보면 갈라지는 길들도 만나게 되는데, 이때 어떤 길을 선택해야 하는지는 분명하지 않다. 그러므로 몇몇 길들을 따라가다가 다시 철회했다가 다른 길로도 가 보도록 하라.

　아이디어와 생각을 글로 쓰는 것은 우리가 다른 장소에 가는 데 도움을 준다. 어떤 한 종류의 접근법을 선택해서 시작할 수 있지만, 글을 쓰는 것 자체는 우리가 어딘가 다른 곳으로 가고 있다는 것을 일깨워준다. 이는 말하자면 추가적인 탐색을 위한 출발점인 셈이다. 소설가들은 인물들이 이야기를 써가기 시작하는 곳에서 이 효과에 관해 이야기한다. 이는 클라이언트들이 원하는 것, 그 현장이 "원하는" 것, 예산, 도급업체, 시 정부 등이 말하는 제약사항들은 무엇인지에 진정으로 귀를 기울여야 하는 건물 디자인에 비유할 수 있다. 앞서 말한 이 모든 것이 맥락이라 할 수 있다.

일단 우리가 이 맥락 안에서 움직이기 시작하면 진짜 질문에 대해 또는 그 일의 본질이 무엇이 되어야 하는지 등에 대해 훨씬 더 좋은 아이디어를 가질 수 있게 된다. 출발하기 전에 이러한 탐색이 우리를 어디로 인도할지 반드시 알아야 할 필요는 없다. 이는 디자인 씽킹의 기본적인 원리 중 하나이자 되풀이되는 후렴구, 즉 모호함을 편하게 받아들어야 한다는 것을 보여주는 한 가지 예다.

　반복적인 프로세스의 종료는 궁극적으로 개인적인 판단이다. 이는 정답에 이르는 것과는 다르다. 디자인 씽킹은 끝났을 때를 알 수 있는 수학 문제나 과학 실험과는 다르다. 우리는 항상 몇 가지 다른 기준을 추가할 수 있고, 질문을 약간 개선하거나 변경할 수도 있으며, 혹은 그저 조금 더 시도해 볼 수도 있다. 그러므로 뭔가가 끝이 났는지는 어떻게 알 수 있는가? 여기에는 답이 없다. 이는 판단의 문제다. 그리고 이는 미학적 판단이 어느 정도의 영향력을 발휘하는 부분이다. 그 부분이 구체화되었는가? 그것은 부분들을 합한 것 이상인가? 그것은 일종의 울림을 주는가?

미학적 판단이 어느 정도 영향력을 발휘한다. 그 부분이 구체화되었는가? 그것은 부분들을 합한 것 이상인가? 그것은 일종의 울림을 주는가?

우리는 항상 '아하' 하는 깨달음의 순간이나 직감적인 도약의 기회를 찾아야 한다. 우리를 갉아먹으며 괴롭히는 어떤 것이 있을 때 초안을 완성한다는 것은 단순히 그 이슈를 분명히 밝혀줄 뿐이다. 우리가 그것을 분석할 때 우리는 즉각적으로 뭔가가 전적으로 거꾸로 되어 있다는 것을 알 수 있다. 말하자면 결론을 시작점에 놓고 그렇게 결론을 시도해보는 것과 같이 말이다. 이것이 우리가 찾는 것, 즉 그 결과물 자체에서 얻는 피드백인 것이다.

마크는 초보 혹은 경험이 부족한 작가들에게 한마디 충고를 한다. 이는 마음을 둘로 나누라는 것이다. 즉, 잠깐은 편집자의 시각을 제쳐놓고 글을 쓰는 데만 집중하라. 많은 사람이 완벽하지 않다는 느낌 때문에 뭔가를 제쳐놓는 것에 주저하지만 여러 번 이 프로세스를 거쳐야 한다. 마크는 다음과 같이 말한다.

나는 내면의 편집자를 침묵시키는 데 도움이 되는 몇 가지 요령을 가지고 있다. 뭔가가 떠오르면 일단 노트 여백에 적어두고 나중에 그 문제로 다시 돌아간다. 내 단어가 완벽하지 않으면 그 단어를 괄호로 묶어둔다. 생각을 좀 해 볼 문제가 있는데 그게 무엇인지는 잘 모르겠다면 별표로 표시해둔다. 요점은 계속 진행해야 한다는 것이다.

일단 초안이 갖추어지면 편집자의 마음가짐으로 전환하라. 그리고 모든 질문을 살펴보고 해체해보도록 하라. 그것이 논리적으로 말이 되는가? 감성적으로는 이해가 되는가? 사람들이 그 주장을 이해할 수 있는가? 그것은 적절한 단어인가? 마크는 자신의 개인적인 프로세스를 다음과 같이 계속 공개한다.

도약은 내가 이 모든 것을 쓰고 난 후에 일어날 수

있다. 핵심적인 질문이 무엇인지를 알고 무엇을 써야 할지를 알기 때문이다. 그러면 많은 자료를 한쪽으로 밀어 놓아야 할 수도 있다. 개요를 완전히 다시 잡아야 할 수도 있다. 더 많은 도약, 즉 '아하'라는 깨달음의 순간은 더 많은 경험이 쌓이면 일어날 수 있다. 우리가 준비해 왔고, 긍정적인 결과를 가져다줄 과정에 대한 믿음을 가지고 있고, 그리고 쓰는 행위가 우리를 목표에 이르게 하리라는 사실을 신뢰하기 때문이다.

마크는 글쓰기에서의 디자인 씽킹 접근법을 강조하며 이는 선형적인 프로세스가 아니라 순환하는 반복 프로세스임을 강조한다. 이 프로세스는 더 추가적인 평가를 위해 재검토하고 노출하는 것이 특징이다. 마크는 종종 다수의 초안을 비교하고 대조하면서 진정한 이슈가 무엇인지를 파악하고자 한다.

마크는 초안이 어느 정도 마음에 들면 자신이 신뢰하는 두어 명의 사람들, 형태가 좀 우습게 되어 있어도 마크를 놀리지 않을 사람들에게 검토를 부탁하는데, 이들은 초안을 보고 단도직입적으로 의견을 말할 수 있다. 그러면 마크는 다시 초안을 작성하고 추가로 발전시킨 후 동조하지 않았던 독자들이 검토할 수 있도록 한다. 처음부터 동조하는 독자가 없다면 이는 그 작품에 대한 우리의 자신감을 심각하게 약화할 수 있다고 단언한다.

마크는 초안에 대한 모든 비평의 내용과 맥락 모두를 완전히 이해해야 할 필요성을 강조한다. 즉, 누가 비평을 하고 그들이 가지고 있을 수 있는 현안이 무엇인지 등을 이해해야 한다. 비평의 구체적인 내용은 우리에게 도움이 되지 않을 수도 있고, 관련이 없을 수도 있지만, 우리가 다루어야 하는 광범위한 이슈들을 암시할 수는 있다. 비평가들이 초안에서 문제가 있다고 말하는 부분에 주의를 기울이고 시스템적인 이슈가 무엇인지를 알아내려고 노력하라. 그들은 우리만큼 그 내용(예: 삭제된 내용이 있는 더 앞선 초안이나 미래의 의도 등)에 대해 많이 알지 못하기 때문에 진짜 문제는 그들이 지적한 것이 아닐 수도 있다. 이들은 그저 현재 버전에 있는 문제를 지적하는 것뿐이다. 따라서 그들이 제공하는 비평의 구체적인 본질과 그 비평가들이 어떤 사람들인지를 분석하고 이해하기 위해 시간을 투자할 필요가 있다. 즉, 그 비평가들이 우리의 타깃을 대표하는지 혹은 그들이 이 주제의 특정 측면에 관한 전문가인지 등의 질문을 제기해야 한다.

초안을 테스트하는 방법에는 여러 가지가 있다. 처음부터 타깃을 염두에 두어야 한다는 점을 잊어서는 안 되며, 글의 틀이 무엇인지, 일반적인 목적은 무엇인지 등을 기억해야 한다. 마무리를 지을 때가 되면 사람들이 우리가 적은 것을 읽고 이해할 수 있도록 어떻게 광택을 내야 할 것인지를 파악해야 한다. 마크는 이를 7살 아이의 시각으로 평가할 것을 제안한다. 어디서 막히는지, 그래도 괜찮은지를 물어보라. 그렇다고 꼭 바꾸어야 하는 것은 아니지만 다음과 같은 질문들을 제기할 수 있어야 한다. "제가 너무 잘난 척하는 건가?" 또는 "다른 문제가 있나?"

이제 판단이 작동하기 시작한다. 그러한 평가 중 어느 것에 더 무게를 둘 것인가, 그리고 어떻게? 바로 이곳이 우리 마음의 목소리가 본질적으로 지배하는 지점이다. 미래에 쓸 초안들과 반복에 대한 방향성에 영향을 주기 위해서는, 맥락, 즉 작품이 성장할 토대를 이해하고 해석하라.

모든 비평은 가감해서 들어야 한다. 다시 한번 말하는데, 비평의 출처와 그 비평과 연관된 증거를 고려하라. 우리가 마주하는 어려운 순간 중 하나는 매우 다른 현안을 가진 사람이 우리의 일에 이의를 제기할 때다. 우리는 그들이 다른 목표를 가지고 있다는 사실을 이해해야만 하고, 그런 후 그러한 목표들이 다음번 반복을 위해 유효한지 아닌지를 결정해야 한다. 또 초안은 그저 초안일 뿐이라는 사실을 인식해야 한다. 통상적으로 초안은 우리 머릿속에 있는 모든 것을 담고 있지는 않은데 이는 문제가 안 된다. 궁극적으로는 우리와 별개로 살아 움직여야 하기 때문이다. 완성에 가까워질수록 그것은 더더욱 그 자체로 존재하게 되고, 우리가 의도했던 것, 우리가 그것에 대해 생각했던 것에 바탕을 두고 이를 방어하려고 나설 수 없다.

아이데이션, 브레인스토밍, 혹은 기발한 발상의 단계 또한 글쓰기 과정의 일부다. 수많은 아이디어를 제시하는 것은 우리 마음속의 편집자가 (또는 클라이언트나 다른 사람들이) "안돼, 그렇게 할 수는 없어."라고 말해주는 초반에는 매우 유용하다. 기발한 발상은 다른 접근법에 시동을 걸 때, 몇몇 접근법들을 논외로 처리할 때 유용하다.

디자인 씽킹의 훌륭한 특성 중 하나는 반복 단계별로 다양한 다른 도구들이 사용될 수 있다는 점이다. 예를 들어 우리가 하는 일에 대해 우리가 존중할 만한 관점을 가진 사람들의 역할을 해 보라. 우리는 머릿속으로 X라는 사람이 우리의 일을 비평한다고 가정해 볼 수 있다. 이들이 우리의 일에 대해 뭐라고 말할 것 같은가? 머릿속에서 그 사람을 흉내 내 보라.

그들이 말할 것이라고 생각하는 것과 그들이 실제로 말할 수 있는 것은 서로 다른 문제다. 그래서 완벽하지는 않겠지만, 그럼에도 이는 참신한 의견과 일련의 목표, 접근법 또는 대안적인 평가 방법 등을 개발하는 연습이 된다. 디자인 씽킹에서 적용하는 도구들은 그 문제, 타깃, 맥락, 지불 주체 등에 따라 달라진다.

마크는 이렇게 의문을 제기하며 현실 확인을 한

다. "우리는 얼마만큼 자신을 위해서 일하는가, 혹은 얼마만큼 다른 사람들을 위해 일하는가?" 물론 어느 정도는 두 가지 측면이 모두 존재할 것이다. 단 그 일이 대부분 나에 관한 것이면 그리고 내 타깃은 나 자신이라면, 이는 어떤 아티스트들이 취하기도 하는 근시안적인 입장이 될 수 있다는 점을 인식하라.

글쓰기를 즐긴다면 이는 우리가 합리적인 길을 선택하고 있다는 좋은 증거가 될 것이다. 만약 글쓰기가 완전히 고문을 당하는 것처럼 느껴진다면, 그것도 어느 한순간이 아니라 지속적으로 그래왔다면 우리가 어디로 가고 있는지를 살펴보아야 한다. 마크는 다음과 같이 덧붙이며 훌륭한 조언을 한다.

필연적으로 훌륭한 고문의 순간도 (즉 그 단어는 무엇인가? 이 문장을 어떻게 재구성할 것인가? 등을 묻는 순간도) 존재한다. 때때로 이는 엄청나게 힘들지만 단지 순간일 뿐이다. 나는 순간은 그렇게 걱정하지 않는다. 오히려 일정 시간의 기간을 걱정한다. 그리고 그 일이 기쁨을 주는가?

전문 작가를 위한 글쓰기

비탈길 아래로 눈덩이를 굴리는 것과 같은 디자인 씽킹

글쓰기는 좋아서 하는 일이지만 때로는 힘든 일이다. 그러나 우리가 부딪치는 조사 과제와 글쓰기의 어려움을 모두 한 번에 해결해야 하는 것은 아니다. 어떤 도전들은 다른 것들에 매달리는 동안 한 곳에 몰아놓고 그냥 놔둬라.

-마이클 타디프

앞의 5장에서 인터뷰했던 마이클 타디프*Michael Tardif*는 책을 쓰는 것과 관련하여 놀랍도록 통찰력이 있는 조언을 몇 가지 제공한다. 이러한 조언들은 디자인 씽킹의 정신을 담고 있다.

마이클은 첫 책을 집필하기 전에 경험이 풍부한 한 작가로부터 정말 훌륭한 충고 몇 가지를 받았다고 말했다. "1장, 1페이지부터 시작하지 마라. 이는 처음부터 끝까지 눈덩이를 언덕 위로 굴리는 것같이 느껴질 것이다." 대신 중간 어디쯤으로 가게 될, 가장 편하고 친숙하게 생각하는 쉬운 자료들에서 시작하라. 그것부터 해치우고 잊어버리도록 하라. 그런 다음 가장 쉬운 부분으로 넘어가고 점진적으로 더욱 어려운 주제들과 씨름하라.

올바른 단어를 찾는 것이든 아니면 한 주제를 조사할 시간을 찾는 것이든, 무언가에 막히게 되면 ("심사숙고" 또는 "창조적 멈춤"을 위해) 이를 한쪽으로 치워두고 다른 것으로 넘어가라. 이러한 접근법은 다음 두 가지를 가능하게 한다.

(1) 그것은 신속하게 성취감을 안겨준다. (2) 그것은 우리의 지식을 증대시키고 사고 프로세스를 선명하게 해줌으로써 남아 있는 더욱 어려운 자료들을 보다 효과적으로 처리하게 해준다. 이렇게 되면 어느 순간 어려운 문제들이 그렇게 어려워 보이지 않게 된다. 여기서 새롭게 생각할 수 있는 비유는 눈덩이를 언덕 위가 아닌 언덕 아래로 굴리는 것이다.

이후에는 집필 작업에 대한 생각을 두려워하는 대신 오히려 그것을 고대하게 될 것이다. 재미있는 작업이 될 것이다! 진행할수록 예상한 대로 앞으로 돌아가 처음에 작성한 자료 중 일부는 다시 작성해야 하겠지만 재작성은 언제나 처음부터 쓰는 것보다 훨씬 더 쉽다. 이러한 글쓰기/디자인 씽킹 프로세스는 정신없고 선형적이지도 않지만 (그리고 마이클의 편집자를 미치게 만들지만) "조각 퍼즐(우리의 개요)"이 어떤 모양으로 나오게 될 것인지를 아는 한 문제가 되지 않는다. 결국엔 맞추게 될 것이기 때문이다. 진행하다 보면 어쩔 수 없이 개요를 수정하는 일도 있겠지만, 다시 한번 말하는데 그것 역시도 전체적인 시각이라는 맥락 안에서 하게 될 것이다. (5장에서 다른 맥락에서 설명된 디자인 씽킹과 관련하여 전략 계획에 대한 마이클의 조각 퍼즐 비유 부분을 참조하라.)

"아하"의 순간에 이르기

훌륭한 아이디어를 발견하기 위해서는 이 모든 반복을 시도해야 한다.

-찰스 린

찰스 린*Charles Linn*은 캔자스대학교*University of Kansas*의 건축, 디자인, 도시계획 대학의 대외협력

책임자로 재직하기 전 17년 이상 〈아키텍처럴 레코드*Architectural Record*〉의 부편집장으로 일했다.

찰스는 글을 쓰는 일을 착수하면서 그저 종이에 뭔가를 적는 것으로부터 가능성이나 새로운 아이디어를 떠올리며, 그렇게 정보가 층층이 쌓이게 된다. 이것은 여러 장의 스케치, 즉 종이에 그림을 그리는 활동이 아이디어의 탐색을 크게 촉진한다고 보는 건축에서는 디자인 씽킹에 비유된다.

찰스는 이렇게 말한다. "그 아이디어가 무엇인지를 꼭 알아야 하는 것은 아니다. 어딘가에는 아이디어가 있다는 것을 알고 그 아이디어를 발견하기 위해 이 모든 반복을 시도해야 한다!" 찰스는 계속해서 다음과 같이 말한다.

물론 준비와 조사가 있을 것이고 그 과정에서 갑자기 급소를 찌르는 구절이 떠오른다. 또는 글을 쓰는 과정에서 종이 더미 속에서 처음 시작할 때는 있는지조차 몰랐던 새로운 아이디어들을 발견하기도 한다. 내가 아는 모든 것은, 내가 무언가에는 열성적이고 또 어떤 것에는 화가 나기도 한다는 것으로, 그러다 어떤 식으로든 아이디어가 콸콸 솟는다. 많은 것은 그저 준비되는 것이다.

"솔루션은 준비된 자에게 찾아온다." 루이 파스퇴르Louis Pasteur의 말을 바꾸어 표현해 본 이 말은 찰스가 좋아하는 말 중 하나다. 그가 주는 현명한 조언은 문제나 이슈 또는 프로젝트, 그리고 그 맥락에 대해 알려면 존재하는 모든 것을 흡수하라는 것이다. 이러한 지식의 저장고를 이용하는 것이 올바른 솔루션을 찾는 데 영향을 미치고 도움을 주리라는 뜻이다.

> 사람들의 상상력이 우리와 함께 도약할 수 있게 해주는 적절한 비유를 찾아라.

창조성을 깨우는
디자인 씽킹의 기술

글쓰기에서 반복의 과정은 너무나 중요하다. 찰스는 초기의 원고들이, 마치 자신이 하는 일을 붓질하는 것과 같았다고 말한다. 그 초안들은 대개 그렇게 훌륭하지는 않았다고, 혹은 충분할 정도로 훌륭하지 않다고 느꼈지만 훌륭하게 만들기 위해 그는 계속해서 비틀고 변경해야 했다. 상투적인 말이긴 하지만 일은 꼬리를 물고 일어나기 마련이다. 그래서 그는 반복해서 뭔가를 쓰는 경향이 있다.

많은 사람이 그러하듯 찰스 역시 난감한 상황을 맞게 되는 한 가지 이유는, 자신이 쓴 것에 진정으로 흠뻑 빠져서 글을 다시 손보거나 단념할 수 없는 순간이 발생하는 것이다. 심취가 더 큰 목표들의 장애가 되어서는 안 되며 대안들(심취하게 하는 정도는 거의 같지만 매우 다른)에 대한 열린 태도는 1부에서 언급한 대로 디자인 씽킹의 전형적인 특징이다.

찰스는 글을 잘 쓰는 데 도움이 되는 훌륭한 브레인스토밍 팁을 제시한다. 사람들의 상상력이 우리와 함께 도약할 수 있게 해주는 적절한 비유를 찾으라는 것이다. 2010년 7월, 경기 침체의 한가운데서 찰스는 〈아키텍처럴 레코드〉에 250개의 톱 건축 회사들에 관한 이야기를 공개했다. 그가 사용한 비유는 사람들을 웃게 만드는 무언가를, 그리고 누군가는 일자리를 잃기도 하는 직업적으로 어려운 상황에 대해 이들의 기분을 띄워 주는 무언가를 설명하는 색다른 방법을 제공했다. 그 글은 다음과 같이 시작됐다.

프로젝트는 취소되고, 연기되었던 일은 무효가 되면서 얼마나 많은 수익이 하락했는지를 파악하려고 기다리는 것은, 마치 한 뚱뚱한 남자가 높은 다이빙대에서 스완 다이브를 하는 것을 지켜보는 것과 같다. 그의 축 늘어진 뱃살이 철써덕하며 수면을 때리는 소리를 듣는 순간 무슨 일이 일어났는지 보지 않으려는 마음에 눈길을 돌리고 싶을 수도 있겠지만 우아한 입수를 보고자 하는 희망을 가지고 구경을 한다.

감사의 글

아키텍처*Architecture* 출판사의 프란체스카 포드 *Francesca Ford*는 내가 이 책에 대한 아이디어를 펼칠 수 있도록 탁월한 도움을 주었다. 혁신적인 생각을 하기 좋은 (그리고 완벽한 장소인 워너 브라더스의 해리 포터 스튜디오에서 아주 가까운) 영국의 더 부트 앳 사라트*The Boot at Sarratt*라는 펍에서 함께 미팅을 했던 그녀의 유연한 배려 또한 매우 감사한 일이었다. 게다가 프란체스카의 편집 지침과 건설적이고 실질적인 제안들은 원고를 작성하는 데 엄청난 도움이 되었다. 나는 진심으로 그녀의 지속적인 지원에 감사한다.

트루디 바르시아나*Trudy Varcianna*(선임 보조 편집자)와 조지 워버튼*George Warburton*(스웨일즈 & 윌리스 *Swales & Willis* 편집장), 주디스 하비*Judith Harvey*(교열

담당)를 포함한 루트리지*Routledge* 출판사의 전 팀원들에게도 커다란 감사의 마음을 전한다.

나는 강력하고도 논리 정연한 추천의 글을 작성해준 메릴리스 네포메치*Marilys Nepomechie*에게도 큰 신세를 졌다.

내용을 구성하고 전하는 데 도움이 된 사려 깊은 비평을 아끼지 않은 동료 비평가들에게도 진심으로 감사한다.

디자인 씽킹의 가치에 대한 열정과 의욕을 불러일으키고 부제를 정하는 데 일조해 준 마이클 타디프*Michael Tardif*와 매디 사이먼*Mady Simon*에게도 특별한 감사의 마음을 전한다.

피터 프레스먼*Peter Pressman*의 탁월한 편집 감각과 예리한 비판에도 감사한다. 또 친절하게 인터뷰에 응해 주고 이 책의 내용을 상당히 풍부하게 만든 훌륭한 통찰력을 제공해 준 제임스 바커*James Barker*, 빅토리아 비치*Victoria Beach*, 마크 차일즈*Mark Childs*,

프란체스코 크로센치*Francesco Crocenzi*, 찰스 호이어 *Charles Heuer*, 마크 존슨*Mark Johnson*, 메러디스 코프먼 *Meredith Kauffman*, 본 쿠*Bon Ku*, 찰스 린*Charles Linn*, 스 캇 필립스*Scott Phillips*, 디에고 루자린*Diego Ruzzarin*, 매 디 사이먼*Mady Simon*, 리처드 스웨트*Richard Swett*, 마 이클 타디프*Michael Tardif*, 제이 윅커셤*Jay Wickersham* 에게도 감사를 표한다(알파벳순).

그리고 물론 늘 한결같이 현명한 충고와 영감 을 제공해 준 리사*Lisa*와 사만다*Samantha*, 다니엘 *Daniel*에게도 커다란 감사의 마음을 전한다.

그림 목록

그림 4.1   이해 관계자들 스스로 자기가 어떻게 "디자인" 솔루션에 영향을 미쳤는지를 제대로 인식하는 것은 중요하다. 예를 들어, 다음과 같은 식으로 언급할 수 있다. "최종 디자인에서 이렇게 지그재그로 한 것은 초안에 대한 당신의 논평을 직접적으로 반영한 결과입니다."

그림 4.2   공감적 이해는 디자인 씽킹에 있어 근본적인 것이다. 플란더스 맨션 사례가 보여주듯, 문제 해결의 초점은, 반드시 한 입장을 격렬하게 옹호하는 데 맞추기보다는 새로운 솔루션을 유도하기 위해 그 입장에 깔린 동기에 맞추어야 한다.

그림 5.1   조각 퍼즐과 같은 전략 계획. 그림을 완성하기 위해 적절히, 비선형적인 방식으로 조각을 맞추어 보라.

그림 5.2   아이디어의 방아쇠를 당기기 위해 과거 사례를 지혜롭게 활용하는 것은 디자인 씽킹의 기본 원리에 속한다. 요리의 경우 영감은 기존 요리법에서 찾을 수 있는데 이를 비틀고 이를 바탕으로 하고 이를 향상하는 것이다.

그림 5.3   이 도구는 짜는 힘을 들이지 않고도 정량 도포를 할 수 있게 개발되었다. 이러한 사례를 통해서도 알 수 있듯이 거듭 강조하건대 공감은 가장 중요한 이슈를 발견하고 문제에 제대로 초점을 맞추는 데 도움을 주므로 너무나도 중요하다.

그림 5.4   정보를 분석적 이해를 돕는 그림으로 바꾸는 방법은 창조성을 자극하고, 문제를 더 심도 있게 이해하도록 해 주며, 솔루션을 위한 가능성을 생각하도록 도와준다.

그림 5.5   왜 어린아이들은 더이상 이 치즈 과자에 공감하지 못하는가? 이들의 대답은 실패로부터의 학습을 전형적으로 보여주는 것이었다.

그림 5.6   지난 인터뷰 결과를 바탕으로 더 깊게 캐묻거나 다른 이슈로 전환하기 위한 새로운 인터뷰 질문을 개발하는 것은 디자인 씽킹의 반복적 프로세스와 매우 유사하다.

창조성을 깨우는
디자인 씽킹의 기술

그림 6.1 질문을 재구성하는 것은 솔루션을 찾기 위한 새로운 방향성에 빛을 비추어 줄 수 있다. 예를 들어, "암세포를 효과적으로 파괴하거나 제거하는 또 다른 창조적 방법이 있을까?"라는 질문 대신 우리는 "주어진 이 사례에 있어 질환의 차도를 위한 색다르고, 어쩌면 더 나은 수단이 있지는 않을까?"라는 질문을 해볼 수 있다.

그림 7.1 사람들의 토론을 최대한 끌어내는 수단으로써 대안들을 (각 대안의 장단점과 함께) 제시하고 더 나은 솔루션을 찾아라.

창조성을 깨우는
디자인 씽킹의 기술

디자인은 어떻게 생각을 바꾸는가

초판발행 2020년 9월 30일 | **1판 1쇄** 2020년 10월 5일
발행처 유엑스리뷰 | **발행인** 현명기 | **지은이** 앤드류 프레스먼 | **옮긴이** 최경남
주소 서울시 강남구 테헤란로 146, 현익빌딩 13층 | **팩스** 070.8224.4322
등록번호 제333-2015-000017호 | **이메일** uxreviewkorea@gmail.com

ISBN 979-11-88314-52-2

DESIGN THINKING:
A Guide to Creative Problem Solving
for Everyone (ISBN: 9781138673458)
by Andrew Pressman